Annette Schmitt

Weimaraner

Premium Ratgeber

bede bei Ulmer

Inhalt

4 Basics

4 Von den Ursprüngen zur Reinzucht

8 Rassestandard

14 Verhalten und Charakter

19 Der Weimaraner heute

22 Vorüberlegungen und Anschaffung

22 Anforderungen an den Halter

28 Welpe oder erwachsener Hund?

30 Rüde oder Hündin?

34 Ein Hund aus zweiter Hand

36 Auswahl von Züchter und Hund

38 Welches Zubehör ist nötig?

40 *EXTRA:*
Das richtige Hundespielzeug

42 Welpensicheres Zuhause

Inhalt

44	**Haltung**
44	Die ersten Tage daheim
48	Sozialisierung
54	EXTRA: Welpenspielplatz zu Hause
56	Erste Erziehungsschritte
72	Pflege
77	Ernährung
80	EXTRA: Elf goldene Futterregeln
82	Ausstellungen
86	**Freizeitpartner Hund ...**
86	... im Revier, in Freizeit und Alltag
102	... im Urlaub
107	**Gesundheit**
107	Vorsorge
110	Bekannte Krankheitsbilder
112	Alternative Heilmethoden
115	**Der ältere Weimaraner**
115	Was ändert sich im Alter?
125	Abschied
126	**Hilfreiche Adressen**
127	**Dank**
128	**Register**

Basics

Von den Ursprüngen zur Reinzucht

Wie sich anhand von Gemälden nachvollziehen lässt, gab es bereits im 17. Jahrhundert silbergraue Vorstehhunde. Die genauen Ursprünge des Weimaraners sind jedoch umstritten.

Von den Ursprüngen zur Reinzucht

Über die Geschichte des Weimaraners wird viel spekuliert, konkrete Angaben gibt es jedoch nur wenige. Fakt ist, dass es schon im 17. Jahrhundert silbergraue Vorstehhunde gegeben haben muss. So zeigt ein Bild des Malers A. van Dyck aus dem Jahre 1631 den Prinzen Rupert von der Pfalz mit einem silbergrauen Hund mit weißem Brustfleck und langer Rute, der von seinem Äußeren her bereits dem heutigen Weimaraner-Typ entspricht.

Heinrich Zimmermann, Autor des Buches „Lexikon der Hundefreunde" (1934), hält den Weimaraner für den ältesten deutschen Vorstehhund, der dem alten Leithund und somit den Bracken sehr nahe steht.

K. Brandt, bekannter Weimaranerzüchter des 19. Jahrhunderts, hingegen meint, dass Herzog Karl August von Sachsen-Weimar Ende des 18. Jahrhunderts einen Deutsch Kurzhaar mit einem englischen Pointer kreuzte, woraus ein silbergrauer Rüde hervorging, der laut Brandt als Stammvater des Weimaraners angesehen werden kann.

Eine andere, recht zweifelhafte Theorie besagt, dass Karl August von einer Jagdreise nach Frankreich graue, französische Hunde mitbrachte, die hier unter dem Namen „Karl-August-Hunde" bekannt wurden und Vorfahren des Weimaraners sein könnten. Unklar ist allerdings, welche grauen Hunde hier wirklich gemeint waren, denn silbergraue, französische Vorstehhunde gab es wohl zu keiner Zeit.

Nach Meinung des Kynologen Emil Ilgner könnten die Ahnen des heutigen Weimaraners auch aus Böhmen, genauer gesagt von den Höfen der Fürsten Esterhazy und Auersperg v. Teplitz kommen, die Karl August im Zuge einer Badereise kennenlernte. Karl August soll von den vielseitigen, jagdlichen Leistungen der fürstlichen Hunde so angetan gewesen sein, dass er gleich mehrere nach Weimar mitnahm und mit ihnen eine Zucht aufbaute. Angeblich wurden Nachkommen dieser Vierbeiner nur an Jäger abgegeben, die dem Weimarer Hof nahe standen. Somit verbreiteten sich die Hunde allmählich in ganz Thüringen. Auch diese Theorie ist jedoch umstritten.

Möglicherweise ist der Weimaraner der älteste deutsche Vorstehhund, der wiederum mit dem alten Leithund eng verwandt sein könnte.

„Der Aristokrat unter den Jagdhunden"

Gesicherte Aufzeichnungen über die Herkunft der Rasse liegen erst ab dem Jahre 1870 vor. Zu dieser Zeit züchtete Freiherr v. Wintzingerode-Knorr-Adelsbarn Weimaraner bereits in Reinzucht. Ein Gemälde zeigt ihn mit einem dunkelgrauen Hund, der einen fast schwarzen Aalstrich aufweist. Auch die silbergrauen Weimaraner aus der Zucht des Jagdmalers L. Lindblohm, die Hunde aus Zwingern von K. Brandt, dem Amtsrat Pitschke-Sandersleben, sowie von P. Wittekop, der damals in Hachenhausen den größten Zwinger betrieb, können als Basis der heutigen Weimaranerzucht angesehen werden. 1880 erschienen die ersten Rassevertreter auf einer Ausstellung in Berlin. Damals wurden noch drei verschiedene

Basics

Im 19. Jahrhundert gab es noch verschiedene Schläge, aus denen sich schließlich der heutige Weimaraner entwickelte.

Nachdem der Erste Weltkrieg klare Lücken in den Weimaraner-Bestand riss, ist Major Herber (1867–1946) der Neuaufbau der Zucht zu verdanken. Er sammelte viele der noch verbliebenen Hunde ein und züchtete fortan unter dem Motto „Der Weimaraner ist der Aristokrat unter den Jagdhunden". Zuchtziel war von Anfang an nicht nur einen passionierten, vielseitigen Jagdgebrauchshund für die Arbeit vor und nach dem Schuss zu schaffen, sondern gleichzeitig einen unerschrockenen Wächter, der mit deutlich ausgeprägtem Schutztrieb auch das Forsthaus zuverlässig bewachte.

Stämme unterschieden: Zum einen die Sanderslebener, gezüchtet von Amtsrat Pitschke aus Sandersleben. Zum anderen die Weißenfelser aus der Zucht von O. Bach. Und als drittes die Thüringer Hunde aus der Gegend um Weimar. Während die Thüringer Hunde den alten Typ repräsentierten, waren die Weißenfelser etwas eleganter und graziler. Die Sanderslebener hingegen gaben eine Mischung aus den beiden vorher genannten Typen ab.
1879 legte die „Delegierten Commission" Rassekennzeichen für diverse deutsche Hunderassen fest, unter anderem auch für den Weimaraner. Dieser galt damals allerdings noch als blaue Varietät des Deutsch Kurzhaar. Als solcher wurde er auch im Zuchtbuch des „Klub Kurzhaar" geführt. Erst 1897 gründete sich ein eigener „Verein zur Züchtung des Weimaraner Vorstehhundes". Ein Jahr zuvor legte man den ersten Standard fest. Uneinigkeit herrschte noch eine zeitlang über die richtige Fellfarbe der Hunde, aber auch hier kamen die Züchter schließlich auf einen Nenner. Heute sind Silber-, Reh- und Mausgrau sowie Zwischentöne dieser Farben erlaubt.

Zunächst wurde der Weimaraner als blaue Varietät des Deutsch Kurzhaar angesehen.

Von den Ursprüngen zur Reinzucht

Nur dem Hundeführer Hegendorf und dem Züchter Stockmeyer ist es zu verdanken, dass auch der Langhaar-Weimaraner Anerkennung fand.

Die Langhaar-Variante setzt sich durch

Neben den kurzhaarigen Weimaranern fielen in den Würfen immer wieder langhaarige Hunde. Diese galten anfangs jedoch nicht als reinrassig und wurden meist sofort nach ihrer Geburt von den Züchtern getötet. Es ist schließlich dem Österreicher Ludwig v. Mérey v. Kapos Mére, genannt Hegendorf, sowie dem Weimaranerzüchter und Forstrat O. Stockmeyer zu verdanken, dass auch die langhaarige Varietät der Rasse Fuß fassen konnte. Beide Hundeführer waren von den Gebrauchseigenschaften der Langhaarhunde, die den Kurzhaarigen absolut ebenbürtig sind, so begeistert, dass sie sogar den Vorsitzenden des Zuchtvereins für Weimaraner davon überzeugen konnten. Auf diese allgemeinen Bemühungen hin wurde das Langhaar 1935 offiziell von der FCI als weitere Haarvarietät des Weimaraners anerkannt. Während sich die deutschen Züchter zunächst noch nicht mit der „neuen" Varietät anfreunden konnten, begannen Liebhaber in Österreich nun systematisch mit der Zucht. Erst als K. Hartmann 1963 Zuchtwart im deutschen Verein wurde und damals selbst eine Langhaar-Hündin führte, gelang dem langhaarigen Weimaraner auch hierzulande der Durchbruch. Trotzdem ist er bis heute deutlich in der Minderheit gegenüber der Kurzhaar-Variante.

Der rauhaarige Bruder

Immer wieder fielen auch rauhaarige Welpen in den Würfen. Während diese Fellvarietät hierzulande unter den Weimaranerfreunden nie Anhänger fand, weckten die rauhaarigen Hunde das Interesse tschechoslowakischer Jäger. Sie bauten mit den rauhaarigen Weimaranern eine eigene Zuchtlinie auf, die 1983 schließlich als eigenständige Rasse unter dem Namen „Slowakischer Rauhbart" anerkannt wurde.

Rassestandard

Im Rassestandard sind diverse Kriterien hinsichtlich Aussehen, Körperbau, Veranlagung und Wesen festgehalten, die der Hund optimal erfüllen soll.

Im Standard ist festgehalten, wie ein perfekter Hund einer Rasse auszusehen hat. Aber auch ein kurzer Einblick in Veranlagung und Wesen wird hier gegeben.

FCI-Standard Nr. 99/12.03.2011/D

Ursprung Deutschland
Datum der Publikation des gültigen Originalstandards 27.2.1990
Verwendung Entsprechend seiner jagdlichen Zweckbestimmung als vielseitig einsetzbarer Jagdhund muss der Weimaraner alle von ihm geforderten Anlagen besitzen und für alle Arbeiten im Feld, Wald und Wasser leistungsbezogen vor und nach dem Schuss brauchbar sein.

Klassifikation FCI Gruppe 7 Vorstehhunde. Sektion 1.1 Kontinentale Vorstehhunde, Typ „Braque". Mit Arbeitsprüfung.

Der Weimaraner ist ein vielseitig einsetzbarer Jagdgebrauchshund, der sich für alle Arbeiten im Feld, Wald und Wasser vor und nach dem Schuss eignet.

Rassestandard

Kurzer geschichtlicher Abriss Über die Entstehung des Weimaraner Vorstehhundes gibt es zahlreiche Theorien. Fest steht nur so viel, dass der Weimaraner, der damals noch sehr viel Leithundblut führte, schon im ersten Drittel des 19. Jahrhunderts am Hof zu Weimar gehalten wurde.

Zu Mitte des Jahrhunderts, also vor Beginn unserer Reinzucht, lag die Zucht fast ausschließlich in den Händen von meist nur nach Leistung züchtenden Berufsjägern und Förstern in Mitteldeutschland, vor allem in der Gegend um Weimar und in Thüringen. Als die Tage des Leithundes vorbei waren, kreuzten diese ihre Hunde auch mit dem Hühnerhund und züchteten mit diesen Kreuzungen weiter. Ab etwa 1890 wird die Rasse planmäßig gezüchtet und zuchtbuchmäßig erfasst. Neben dem kurzhaarigen Weimaraner kam auch schon vor der Wende zum 20. Jahrhundert, wenn auch nur vereinzelt, eine langhaarige Varietät vor. Der Weimaraner wurde seit seiner zuchtbuchmäßigen Erfassung rein gezüchtet, ist also im wesentlichen frei von Einkreuzungen fremder Rassen, vor allem von Pointern geblieben. Damit ist der Weimaraner wohl die älteste deutsche Vorstehhunderasse, die seit 1900 rein gezüchtet wird.

Allgemeines Erscheinungsbild Mittelgroßer bis großer Jagdgebrauchshund. Zweckmäßiger Arbeitstyp, formschön, sehnig, mit kräftiger Muskulatur. Der Rüden- bzw. Hündinnentyp soll eindeutig ausgeprägt sein.

Wichtige Proportionen
- Rumpflänge zu Widerristhöhe etwa 12:11.
- Längenproportionen des Kopfes: Von der Nasenspitze bis zum Stirnanfang etwas länger als von dort bis zum Hinterhauptbein.
- Vorderhand: Abstand Ellenbogen bis Mitte Vordermittelfußknochen und Abstand Ellenbogen bis Widerrist etwa gleich.

Rüde (links) und Hündin (rechts) unterscheiden sich deutlich vom Typ her.

Verhalten/Charakter (Wesen) Vielseitiger, leichtführiger, wesensfester und passionierter Jagdgebrauchshund mit systematischer und ausdauernder Suche, jedoch nicht übermäßig temperamentvoll. Nase von bemerkenswerter Güte. Raubzeug- und wildscharf; auch wachsam, jedoch nicht aggressiv. Zuverlässig im Vorstehen und in der Wasserarbeit. Bemerkenswerte Neigung zur Arbeit nach dem Schuss.

Kopf – Oberkopf
Schädel In Harmonie zu der Körperhöhe und zum Gesichtsschädel. Beim Rüden breiter als bei der Hündin, jedoch bei beiden im Verhältnis Breite des Oberkopfes zur Gesamtlänge des Kopfes in guter Proportion stehend. Auf der Stirnmitte eine Vertiefung. Hinterhauptbein leicht bis mäßig hervortretend. Hinter den Augen gut verfolgbares Jochbein.
Stopp Stirnabsatz äußerst gering.

Bekannt ist der Weimaraner für seine systematische, ausdauernde Suche.

Basics

Gesichtsschädel
Nasenschwamm Groß, über den Unterkiefer vorstehend. Dunkel fleischfarben, nach hinten allmählich in Grau übergehend.
Fang Lang und besonders beim Rüden kräftig, im Profil fast kantig wirkend. Fang- und Reißzahnbereich etwa gleich stark. Nasenrücken gerade, oft etwas gewölbt, niemals nach unten durchgebogen.
Lefzen Mäßig überfallend; diese wie Gaumen fleischfarben. Kleine Mundfalte.
Kiefer/Zähne Kiefer kräftig. Gebiss vollständig, regelmäßig und kräftig. Schneidezähne sich reibend berührend (Scherengebiss).
Backen Muskulös und deutlich ausgeprägt.
Augen Bernsteinfarben, dunkel bis hell, von intelligentem Ausdruck. Im Welpenalter himmelblau. Rund, kaum schräg gestellt. Lider gut anliegend.
Behang Breit und ziemlich lang, etwa den Mundwinkel erreichend. Hoch und schmal an-

Bei der Arbeit trägt der Weimaraner seine Rute waagrecht oder auch höher.

gesetzt, unten spitz abgerundet. Bei Aufmerksamkeit leicht nach vorne gedreht, gefaltet.

Hals
Edel wirkend und getragen, obere Profillinie nach oben geschwungen. Muskulös, fast rund, nicht zu kurz. Zu den Schultern sich verstärkend und in Rückenlinie und Brust harmonisch übergehend.

Körper
Obere Profillinie Von der geschwungenen Halslinie über den gut ausgeprägten Widerrist harmonisch in den relativ langen, festen Rücken übergehend.
Widerrist Gut ausgeprägt.
Rücken Muskulös, ohne Senkung. Hinten nicht überbaut. Ein etwas längerer Rücken ist, da rasseeigentümlich, nicht fehlerhaft.
Lende Breit, muskulös, gerade bis leicht gewölbt, Übergang vom Rücken zur Lende gut geschlossen.
Kruppe Becken lang und mäßig schräg gestellt.
Brust Kräftig, aber nicht übermäßig breit; mit genügender Tiefe – fast bis zum Ellbogen reichend – und genügender Länge. Gute Wölbung, ohne tonnenförmig zu sein, mit langen Rippen, Vorbrust gut ausgeprägt.

Der Hals wirkt edel, ist muskulös und nicht zu kurz.

Rassestandard

Untere Profillinie und Bauch Leicht ansteigend, Bauch aber nicht aufgezogen.
Rute Rutenansatz etwas tiefer unter der Rückenlinie als bei anderen vergleichbaren Rassen. Rute kräftig und gut behaart. In der Ruhe hängend, bei Aufmerksamkeit und bei der Arbeit waagrecht oder auch höher getragen.

Gliedmaßen – Vorderhand
Allgemeines Läufe „hoch", sehnig, gerade und parallel; aber nicht breit stehend.
Schultern Lang und schräg. Gut anliegend. Kräftig bemuskelt. Gute Winkelung des Schulterblatt-Oberarmgelenkes.
Oberarm Schräg gestellt, genügend lang und stark.
Ellenbogen Frei und gerade liegend. Weder nach innen noch nach außen gedreht.
Unterarm Lang, gerade gestellt.
Vorderfußwurzelgelenk Kräftig, straff.
Vordermittelfuß Sehnig, leicht schräg gestellt.
Vorderpfoten Kräftig. Gerade zur Körpermitte stehend. Zehen eng aneinanderliegend und gewölbt. Längere Mittelzehen sind rasseeigentümlich und somit nicht fehlerhaft. Krallen hell- bis dunkelgrau. Ballen gut pigmentiert, derb.

Gliedmaßen – Hinterhand
Allgemeines Läufe „hoch", sehnig und gut bemuskelt. Parallel gestellt, nicht nach außen oder innen gedreht.
Oberschenkel Genügend lang, kräftig und gut bemuskelt.
Kniegelenk Kräftig und straff.
Unterschenkel Lang, Sehnen deutlich hervortretend.
Sprunggelenk Kräftig und straff.
Hintermittelfuß Sehnig, fast senkrecht stehend.
Hinterpfoten Kräftig, kompakt ohne Wolfskrallen. Sonst wie Vorderpfoten.

Gangwerk
Bewegungsablauf in allen Gangarten raumgreifend und fließend. Hinter- und Vorderläufe parallel gesetzt. Galoppsprung lang und flach. Im Trab Rücken gerade bleibend. Passgang ist unerwünscht.

Haut
Kräftig. Gut, aber nicht zu eng anliegend.

Haarkleid
Kurzhaar Kurzes (aber länger und dichter als bei den meisten vergleichbaren Hunde-

Die Ballen an den Pfoten sind derb und gut pigmentiert.

Der Weimaraner zeigt lange, flache Galoppsprünge.

Basics

Am Behangansatz fällt das weiche Haar lang über.

rassen), kräftiges, sehr dichtes, glatt anliegendes Deckhaar. Ohne oder mit geringer Unterwolle.

Langhaar Weiches, langes Deckhaar mit oder ohne Unterwolle. Glatt oder leicht wellig. Haar am Behangansatz lang überfallend. An den Behangspitzen ist samtartiges Haar zulässig. Haarlängen an den Seiten 3–5 cm, an der Halsunterseite, der Vorbrust und am Bauch meist etwas länger. Gute Federn und Hosen, jedoch nach unten weniger lang. Rute mit guter Fahne. Zwischenzehenraum behaart. Kopfbehaarung weniger lang. Stockhaarähnliche Behaarung mit mittellangem, dichtem und gut anliegendem Deckhaar, dichter Unterwolle und mäßig ausgebildeten Federn und Hosen kommt bei mischerbigen Hunden gelegentlich vor.

Farbe Silber-, reh- oder mausgrau sowie Übergänge zwischen diesen Farbtönen. Kopf und Behänge meist etwas heller. Weiße Abzeichen sind nur in geringem Maß an der Brust und an den Zehen zulässig. Gelegentlich über der Rückenmitte ein mehr oder weniger gut ausgeprägter dunkler „Aalstrich".

Größe und Gewicht
Widerristhöhe Rüden: 59 bis 70 cm. Hündinnen: 57 bis 65 cm.
Gewicht Rüden: ca. 30 bis 40 kg. Hündinnen: ca. 25 bis 35 kg.

Fehler
Jede Abweichung von den vorgenannten Punkten muss als Fehler angesehen werden, dessen Bewertung in genauem Verhältnis zum Grad der Abweichung stehen sollte.

Schwere Fehler
- Hunde mit schweren Fehlern dürfen höchstens mit genügend bewertet werden.
- Verbreitet wolliges Haar bei der kurzhaarigen Varietät.
- Ausgesprochen lockige, knappe Behaarung bei der langhaarigen Varietät.
- Weiße Abzeichen außer an Brust und Zehen.
- Behänge: Ausgesprochen kurz oder lang; nicht gedreht; absolut untypisch z. B. abstehend.
- Rücken: Starker Senk- oder Karpfenrücken; stark überbaut.
- Ausgesprochen starke Wamme.
- Starke Fassbeinigkeit oder Kuhhessigkeit.
- Grobe Stellungsanomalien, z. B. Mangelhafte Winkelung; stark auswärts gedrehte Ellenbogen; offene Pfoten.

Disqualifizierende Fehler
- Deutliche Abweichungen im Typ, geschlechtsuntypisch.
- Grobe Abweichungen in den Proportionen.
- Größe mehr als 2 cm außerhalb des Standards.
- Absolut untypisch, vor allem schwerfällig oder schwächlich.
- Absolut unproportional.
- Chronische Lahmheit.

Rassestandard

- In den Gängen ausgesprochen behindert.
- Hautmissbildungen und -defekte.
- Teilweise oder vollständige Haarlosigkeit.
- Fehlende Behaarung an Bauch und Behängen (Lederohren).
- Abweichungen von Grautönen, wie gelblich oder bräunlich; brauner Brand.
- Farbe anders als grau; blaue Tönung.
- Oberkopf: Absolut untypisch.
- Gesichtsschädel: Grobe Abweichungen, z. B. zu starke Lefzen, kurzer oder spitzer Fang; absolut untypisch, wie nach unten gebogener Nasenrücken.
- Augen: Entropium, Ektropium; leichte, einseitige Lidfehler.
- Kiefer und Zähne: Fehlen von mehr als zwei PM1 oder M3.
- Brust, Bauch: Missgebildet; tonnenförmige Brust; ungenügende Brusttiefe oder -länge; stark aufgezogener Bauch.
- Läufe missgebildet.
- Sonstige Missbildungen.
- Übermäßig aggressiv gegen Hunde oder Menschen; übermäßige Ängstlichkeit.
- Deutliche Zeichen von Verhaltensstörungen.

Ein kleiner weißer Brustfleck ist erlaubt.

Nachbemerkung

Rüden müssen zwei offensichtlich normal entwickelte Hoden aufweisen, die sich vollständig im Hodensack befinden.

Wussten Sie schon …?

Die besondere Farbe des Weimaraners kommt durch Reinerbigkeit für ein Gen (dilute) zustande, das eine Verdünnung der Farbe „brown" bewirkt. Letzteres sind eigentlich funktionslose „schwarz"-Genvariationen, welche durch gezielte Zucht im Weimaraner fixiert wurden. Hierbei ist nicht nur die Fellfarbe betroffen, sondern auch die Pigmentierung der Haut und der Augen.

Ein Gen, das eine Verdünnung der Farbe „brown" bewirkt, ist verantwortlich für die aparte Farbe des Weimaraners.

Verhalten und Charakter

Der Weimaraner hat grundsätzlich ein sehr vielschichtiges Wesen. Die Haarart spielt dabei keine Rolle.

Der Weimaraner, ganz gleich, ob kurz- oder langhaarig, zeichnet sich durch ein sehr facettenreiches Wesen aus. Damit er all seine positiven Eigenschaften voll und ganz entfalten kann, ist eine rassegerechte Auslastung und Beschäftigung Pflicht. In erster Linie ist hiermit natürlich der Einsatz im Jagdrevier gemeint. Ein Weimaraner ist und bleibt ein Vollblut-Jagdgebrauchshund, der auf hohem Niveau ausgebildet werden muss. Er ist ein energiegeladener Arbeitshund voller Tatendrang und Ausdauer, der neben viel Bewegung unbedingt eine anspruchsvolle Kopfarbeit braucht. Für die Haltung als reiner Begleithund ist ein Weimaraner ungeeignet. Wird er nicht jagdlich geführt, sollte ihm zumindest eine jagdnahe Beschäftigung wie etwa Fährtensuche, Mantrailing, Dummy-Training oder Rettungshundearbeit geboten werden, denn ein unterbeschäftigter Rassevertreter entwickelt sich leicht zum Tyrann. Gerade bei nicht-jagdlich geführten Weimaranern besteht die Gefahr, dass sie sich andere Kanäle suchen, um ihren Arbeitseifer zu befriedigen. Dies kann sich in einem sehr unausgleiche-

Die Rasse sollte in erster Linie Jagdgebrauchshund bleiben. Als reiner Begleithund ist sie nicht geeignet.

Verhalten und Charakter

nen Wesen, dem Ausleben allerhand Unarten wie Jogger oder Radfahrer jagen, Spaziergänger stellen, Zerstörungswut bis hin zu aggressivem Verhalten mit übertriebener Schärfe äußern.

Anhänglicher Jagdbegleiter

Bei der Jagd ist der deutsche Vorstehhund voll und ganz in seinem Element. Hier zeigt er sich äußerst passioniert, ausdauernd, hart und bisweilen auch scharf. Daheim hingegen ist ein rassegerecht gehaltener Weimaraner unglaublich sanft, liebebedürftig, ruhig und anhänglich, ja manchmal sogar aufdringlich. Er liebt seine Familie über alles. Von ihr lässt er sich auch gerne jederzeit mit Streicheleinheiten und Schmusestunden verwöhnen. Weil er sich dann aber seiner stattlichen Größe nicht bewusst ist, möchte er auch schon mal ein kuschelnder Couch-Potato sein. Wegen dieses starken Kontaktbedürfnisses zu seiner Familie ist er auf keinen Fall für eine Zwingerhaltung geeignet. Hier würde das intelligente Sensibelchen physisch und psychisch verkümmern. Der Weimaraner will als Partner verstanden werden, der alles mitmachen und immer dabei sein darf und nicht als sturer Befehlsempfänger. Aus dieser engen Bindungsfähigkeit resultiert auch ein angeborener, nicht zu unterschätzender Schutztrieb, der unbedingt bei der Ausbildung und Haltung der Rasse zu berücksichtigen ist, damit es nicht später zu ernsten Problemen kommt.

Ein Hund für Kenner

Die Erziehung eines Weimaraners bedarf einer gewissen Kreativität, denn auf stupides Lernen reagiert der intelligente Graue schon mal mit Sturheit oder gänzlicher Arbeitsverweigerung. Wird er aber abwechslungsreich gefordert, erweist er sich als sehr leichtführig mit großem

Seine Familie geht ihm über alles. Der daraus resultierende Schutztrieb darf nicht unterschätzt werden.

Lerneifer und rascher Auffassungsgabe, denn eigentlich möchte er seinem Herrn gefallen.
Der Weimaraner ist generell sehr sensibel und feinfühlig. Andererseits zeigt er aber auch ein durchaus eigenständiges und selbstbewusstes Wesen. Diese Mischung gepaart mit einer überdurchschnittlichen Intelligenz macht ihn zu einem sehr anspruchsvollen Hund. Neben der bereits beschriebenen Kreativität wird bei seiner Erziehung absolute Konsequenz, Klarheit, Souveränität und liebevolles Einfühlungsvermögen vom Hundeführer verlangt. Härte und Drill haben im Umgang mit der Rasse nichts zu suchen.
Stimmt die Chemie zwischen Zwei- und Vierbeiner, schließt sich der Weimaraner seinem Hundeführer bedingungslos an und lässt ihn nicht mehr aus den Augen. Versäumnisse und Führerschwächen hingegen erkennt der clevere Vorstehhund sofort und nutzt diese auch schamlos aus. Immer wieder mal testet er seine genaue Rudelposition innerhalb der Familie aus und das bis ins hohe Alter. Weil dann aber eben nicht mit Grobheit reagiert

Basics

Der Weimaraner ist kein einfacher Hund. Weiß man ihn jedoch zu nehmen, schließt er sich einem bedingungslos an.

werden darf, ist viel Fingerspitzengefühl vonnöten, um einem Weimaraner sanft, aber bestimmt gewisse Regeln im Zusammenleben eindeutig klarzumachen. Für Anfänger ist die Rasse also sicherlich nicht geeignet. Von seiner Entwicklung her ist der hübsche Vorstehhund übrigens ein Spätzünder, der erst mit zwei bis vier Jahren voll ausgereift ist.

Beschützender Jagdgebrauchshund

Der Weimaraner ist ein sehr kinderlieber Hund, vorausgesetzt natürlich beide Seiten werden von Anfang an zu einem respektvollen Umgang miteinander angeleitet. Besonders mit kleinen Kindern ist er duldsam und vorsichtig. Größeren Kindern zeigen manche Rüden dagegen auch mal die Rangfolge. Andererseits kann der Weimaraner in brenzligen Situationen gerade „seinen" Kindern gegen-

Das Familienauto wird durchaus gegenüber Fremden bewacht.

Verhalten und Charakter

Eine optimale Prägung vorausgesetzt, ist der Weimaraner in der Regel sehr verträglich mit anderen Hunden.

über einen ausgeprägten Beschützerinstinkt entwickeln. Der graue Vorstehhund gilt generell als sehr wachsam und furchtlos. Für seine Familie würde er jederzeit durchs Feuer gehen. Selbst das Familienauto wird in Abwesenheit der Familie streng gegen Einbrecher und Diebe bewacht. Fremden gegenüber ist er häufig misstrauisch. Bei einer sachgemäßen Erziehung und einem rassegerechten Umfeld ist ein Weimaraner aber niemals aggressiv und bissig. Im äußersten Notfall jedoch würde er seine Familie sowie deren Hab und Gut allerdings durchaus rassetypisch verteidigen.

Aufgrund seiner angeborenen, bei der Jagd verlangten Raubzeugschärfe, ist eine gewisse Grundvorsicht im Zusammentreffen mit anderen, im Haushalt lebenden Kleintieren angebracht. Trotzdem kann man dem passionierten Jagdgebrauchshund durchaus beibringen, wer zur Familie gehört und wer nicht.

Vorsicht gilt in Wald- und Wildgebieten, da der zuweilen starke Jagdtrieb gepaart mit einem ausgeprägten Such- und Finderwillen mit ihm durchgehen könnte. Gerade als Vorstehhund zieht er anlagebedingt häufig große Kreise, ist dabei äußerst schnell und ausdauernd. Beginnt man aber bereits beim Welpen spielerisch mit der Erziehung, kann man seinen Jagdtrieb durchaus unter Kontrolle bringen.

Mit Artgenossen ist der hübsche Vierbeiner bei einer entsprechenden Prägung sehr verträglich und geduldig.

Grundsätzlich zeichnet sich der Weimaraner durch einen sehr ehrlichen Charakter aus. Er ist ein Hund mit Verstand, der immer kontrolliert reagiert. Bei allem Temperament weiß der graue Vierbeiner genau, wann er vorsichtig und zart sein muss. Er ist ein aufmerksamer Beobachter, der unterschiedliche Stimmungs-

Das Vorstehen

Unter Vorstehen versteht man die absolute Unbeweglichkeit des Hundes in Gegenwart von Wild. Hierbei handelt es sich um eine angeborene Instinkthandlung, die durch den Schlüsselreiz der Wildwitterung ausgelöst wird. Bereits Charles Darwin schreibt: „... das Stellen ist wahrscheinlich ... nur eine verstärkte Pause eines Tieres, das sich in Bereitschaft setzt, auf eine Beute einzuspringen." Unklar ist, ab wann Jäger dieses Verhalten der Hunde für sich ausnutzten. Berichte des Griechen Xenophon aus dem Jahre 430 v. Chr. beschreiben jedenfalls bereits vorstehende Hunde. Die heutigen Vorstehhunde zeigen dem Jäger durch ihr „Erstarren" und das Heben einer Pfote in ca. 20 Meter Entfernung Wild an. Dabei dürfen sie sich nicht durch äußere Einflüsse aus der Ruhe bringen lassen und nur durch das Kommando des Führers abrufbar sein. Da ein guter Vorstehhund nicht nur Vorstehen muss, sondern auch für die Nachsuche und das Apportieren zuständig ist, sind neben seiner guten Nasenleistung vor allem Ausdauer erforderlich.

Basics

lagen seiner Leute sofort erkennt. Sein Verhaltensrepertoire ist noch sehr ursprünglich und verfügt über ausgezeichnete Instinkte.

Apportieren und Fressen stehen hoch im Kurs

Etliche Weimaraner lassen sich als begeisterte Apporteure zu praktischen Haushaltshelfern ausbilden, die nicht nur gerne Pantoffeln, Zeitung oder Telefon bringen, sondern auch ihre eigene Leine oder die Futterschüssel. Den meisten Weimaranern wird neben dem Apportieren noch ein zweites Hobby nachgesagt, nämlich das Fressen. Hierbei erweisen sich die cleveren Vierbeiner als außerordentlich erfinderisch, überhaupt an Essbares zu gelangen. Im Alltag ist es natürlich wichtig, das richtige Maß zu finden und nicht zu oft auf die verführerisch bettelnden Augen der charmanten Hunde reinzufallen. Andererseits lässt sich

Wurde hier nicht gegrillt? Viele Weimaraner sind aufgrund ihrer Verfressenheit ständig auf der Suche nach etwas Nahrhaftem.

diese Verfressenheit auch gut in der Erziehung ausnützen, denn es gibt (fast) nichts, was ein Weimaraner nicht für ein Leckerli tun würde. Trotzdem sollte man unbedingt auf eine sportliche Linie des Hundes achten, denn nur so bleibt er lange gesund und aktiv.

Alles in allem ist der Weimaraner eine echte Liebhaber- und Kennerrasse, die man zu nehmen wissen muss, die bei rassegerechter Haltung und Auslastung aber viel Freude und unvergessliche Jahre des Zusammenlebens verspricht.

Durch das Vorstehen zeigt der Weimaraner dem Jäger Wild in der Nähe an.

Der Weimaraner heute

Der Weimaraner wird nach wie vor sehr als zuverlässiger Helfer des Waidmanns im Jagdrevier geschätzt.

Die eigentliche Bestimmung des Weimaraners liegt bis heute im Jagdgebrauch. Hier ist der intelligente Vierbeiner kein reiner Spezialist, sondern ein vielseitiger Allrounder. Wegen seiner Neigung zur Arbeit mit tiefer Nase, einem Erbe des alten Leithundes, ist er besonders für die Arbeit nach dem Schuss geeignet. So taugt er hervorragend für die Schweißarbeit, aber auch als Verlorenbringer. Er hat einen ausgesprochenen Finderwillen und eine hohe Bringfreudigkeit. Zudem verfügt er über eine für diese Aufgabe unbedingt notwendige, absolute Wildschärfe. Vor dem Schuss ist der passionierte Vorstehhund ebenfalls ein begehrter Helfer des Waidmanns. Hervorzuheben sei hier seine Anlage zum festen Vorstehen. Bei der Arbeit zeigt er generell ein gezügeltes Temperament, wodurch er sehr überlegt und planmäßig wirkt. Der Langhaar-Weimaraner ist ein beliebter Jagdhelfer in besonders schwierigem Gelände wie Schilfdickichten und im Wasser. Mit seinem wetterfesten Fell ist er widerstandsfähig gegen Nässe und Kälte. Die Rassevereine tun ihr Übriges, die jagdlichen Anlagen des Weimaraners zu fördern. So werden neben jagdlichen Übungstagen und Lehrgängen auch regelmäßig Gebrauchsprüfungen abgehalten. Zudem wird eine individuelle Mitgliederbetreuung in jagdlichen Belangen angeboten. Da der Weimaraner ein Hochleistungsjagdhund ist und bleibt, der auch in vielen deutschen Revieren erfolgreich geführt wird, ist dem Jagdgebrauch ein eigenes Kapitel in diesem Buch gewidmet (ab Seite 87 „Der Weimaraner als Jagdbegleiter").

Außerhalb des Jagdreviers

Leider sieht man den Weimaraner zunehmend als chices Accessoire modebewusster Menschen, häufig sogar mitten im Trubel einer belebten Großstadt. Dieser Trend ist sehr bedenklich, denn als reiner Begleithund ist der Vollblut-Jagdgebrauchshund absolut nicht geeignet. Einem nicht-jagdlich geführten Weimaraner sollte auf jeden Fall eine andere, seinen Anlagen entsprechende, jagdnahe Beschäftigung geboten werden. So gibt er mit

Basics

Aufgrund seines wetterfesten Haarkleids trotzt der langhaarige Weimaraner Nässe und Kälte. Daher eignet er sich besonders gut für die Wasserarbeit.

seiner feinen Nase einen hervorragenden Drogen-, Sprengstoff- oder Schimmelspürhund ab. Auch zur Fährten- und Flächensuche sowie zum Mantrailing wird er eingesetzt. Selbst als Rettungshund für den Katastrophen- und Trümmereinsatz macht der intelligente Vierbeiner eine gute Figur. Vor Ausbildungsbeginn zum Rettungshund erfolgt grundsätzlich eine eingehende Prüfung auf Wesensfestigkeit und Nasenarbeit, denn nur physisch und psychisch völlig gesunde Hunde sind für diese Arbeit geeignet. Einen Weimaraner zum Rettungshund auszubilden braucht sehr viel Geduld und Fingerspitzengefühl,

Fährtensuche, Flächensuche und Mantrailing

Drei ähnlich klingende Begriffe, die für den Laien schwer zu unterscheiden sind. Alle drei Arten beinhalten die Suche nach vermissten Personen.
Bei der Fährtensuche sucht der Hund anhand der Bodenverwundung nach einem Menschen. Der Vierbeiner ist dabei durch eine 10-m-Leine mit seinem Führer verbunden.
Die Flächensuche findet meist in unwegsamem Gelände oder in großen Waldflächen statt. Speziell ausgebildete Hunde durchstöbern die Gegend auf menschliche Witterung hin und dürfen nur Personen anzeigen (durch Verbellen), die sitzen, kauern, liegen oder sich kaum bewegen. Typische Einsätze sind Suchen nach vermissten Kindern oder verwirrten Menschen. Manchmal findet die Flächensuche auch mit zwei Hunden statt, die aus zwei verschiedenen Richtungen kommend einen Weg absuchen müssen.
Beim Mantrailing sucht der Vierbeiner an einer langen Feldleine eine einzelne Person anhand einer Geruchsprobe (z. B. Kleidungsstück). Die Suche beginnt am Ort des Verschwindens der Person, diese Stelle muss also bekannt sein. Der Hund soll der Spur sicher folgen und darf sich nicht durch andere Verleitungen (Tier- und Menschenspuren) ablenken lassen.

Der Weimaraner kann wegen seiner feinen Nase hervorragend zum Suchhund ausgebildet werden.

Der Weimaraner heute

denn der verspielte Spätzünder gebärdet sich im Training häufig sehr lange als Kindskopf. Viele Rassevertreter neigen auch dazu, den mitwirkenden Helfer zu bedrängen. Hier muss von Anfang an mit absoluter Konsequenz, aber auch spielerisch und mit vielen Leckerlis entgegengewirkt werden. Durch solch ein einfühlsames, intensives Training kann ein Weimaraner sein angeborenes Misstrauen gegenüber Fremden verlieren, das dieser Ausbildung manchmal zunächst im Wege stehen kann.

Jäger finden im Weimaraner einen idealen Partner für sportliche Freizeitaktivitäten. Der temperamentvolle Vierbeiner ist beispielsweise ein toller Begleiter beim Radfahren, Joggen, Walken oder Wandern und beim Reiten. In der arbeitsfreien Zeit ist der Weimaraner für eine Vielzahl von Hundesportarten zu begeistern – Hauptsache, eine kurzweilige Zusammenarbeit mit seinem Hundeführer ist gewährleistet. Schnelle Disziplinen wie Agility und Turnierhundesport (THS) liegen dem Weimaraner ebenso wie das Köpfchen fordernde Trickdogging. Hervorragend geeignet ist er aufgrund seiner Apportieranlage für Dummy-Training. Hundesport sollte für den Weimaraner jedoch immer ein Hobby bleiben: Denn nur, wenn er seine starke Jagdpassion auch in einem Jagdrevier oder zumindest bei einer jagdnahen Beschäftigung angemessen ausleben kann, wird er sein liebenswertes Wesen voll und ganz entfalten, und nur dann zeigt er sich ausgeglichen und zufrieden.

Die Rasse ist sehr sportlich und durchaus auch als Reitbegleithund geeignet. Dies reicht jedoch noch nicht als alleinige Auslastung des Weimaraners aus.

Vorüberlegungen und Anschaffung

Anforderungen an den Halter

So hübsch der Weimaraner auch ist, seine Anschaffung muss gut überlegt werden, denn er ist ein sehr anspruchsvoller Hund.

Fragen, die vorab zu klären sind

Überlegen Sie die Anschaffung eines Weimaraners gut, immerhin liegt seine durchschnittliche Lebenserwartung bei etwa 12 Jahren. Bedenken Sie daher schon im Vorfeld genau, ob es Ihnen finanziell möglich ist, für sämtliche Kosten, die der Hund mit sich bringt, über Jahre hinweg aufzukommen. Neben den Kosten für die Grundausstattung sowie für den Erwerb des Hundes selbst, schlägt sich die tägliche Futterration auf Dauer gesehen natürlich deutlich in Ihrem Geldbeutel nieder. Zusätzlich müssen Sie eine Haftpflichtversicherung sowie regelmäßige Impfungen und Entwurmungen bezahlen. Schnell kann Ihr Vierbeiner auch unvorhergesehen erkranken, unter Umständen sind sogar langwierige und teure tierärztliche Behandlungen nötig.

Überlegen Sie außerdem, ob die äußeren Gegebenheiten stimmen. Haben Sie genug Platz für einen Weimaraner? Der vierbeinige Natur-

Der Weimaraner ist äußerst sensibel und menschenbezogen. Eine dauerhafte Zwingerhaltung würde er daher nicht verkraften.

bursche passt nicht in ein Hochhaus in der Innenstadt. Auch darf er nicht, aus Platzmangel in der Wohnung, ausschließlich in einem Zwinger gehalten werden. Hier würde das Sensibelchen physisch und psychisch verkümmern. Am wohlsten fühlt sich der temperamentvolle Vierbeiner in einem ländlichen Heim mit Garten. Wichtig ist dabei, ein genügend hoher, intakter Gartenzaun, damit sich der Vierbeiner auch unbeaufsichtigt draußen aufhalten kann, ohne zu entwischen.

Als zukünftiger Hundebesitzer müssen Sie sich außerdem darauf einstellen, dass ein vierbeiniger Mitbewohner viel Dreck mit ins Haus bringt. Ebenfalls darf der Fellwechsel, der bei den Langhaar-Hunden etwas heftiger ausfällt, im Frühjahr und Herbst nicht vergessen werden. Er geht an Ihren Kleidern, Polstermöbeln und Teppichen nicht spurlos vorüber.

Fragen Sie nach, ob Ihr Vermieter mit der Anschaffung eines Hundes einverstanden ist. Erkundigen Sie sich auch, ob Sie den Hund, bei Abwesenheit aller anderen Familienmitglieder, mit ins Büro nehmen dürfen, immerhin bleibt der anhängliche Weimaraner nicht gerne allein, es sei denn, er hat Gesellschaft durch einen Zweithund. Denken Sie an die Ferienzeit: Sind Sie gewillt, in zukünftigen Urlauben mit Hund eventuelle Abstriche, Zielort und Unternehmungen betreffend, zu machen? Wollen Sie ohne Vierbeiner verreisen, überlegen Sie vorab, ob Sie einen lieben Hundesitter an der Hand hätten oder eine gute Hundepension bezahlen können. Auch manche Züchter nehmen ihren ehemaligen Nachwuchs gerne wieder in Pflege. Fragen Sie schon bei der Anschaffung Ihres Welpen nach. Da der anhängliche Vorstehhund jedoch meist extrem unter einer Trennung von seinem menschlichen Rudel leidet, sollte ein Weimaraner nur ausnahmsweise in einer Pflegestelle untergebracht und ansonsten immer mitgenommen werden.

Bedenken Sie, dass gerade der langhaarige Weimaraner viel Dreck mit ins Haus bringt und außerdem einen stärkeren Fellwechsel durchläuft als sein kurzhaariger Bruder.

Rassebedürfnisse

Passen die finanziellen und äußeren Gegebenheiten optimal zu einer Hundeanschaffung, überlegen Sie sich, ob Sie auf Dauer, das heißt ein Hundeleben lang, genügend Zeit und Lust haben, den Ansprüchen eines Weimaraners gerecht zu werden.

Beachten Sie auch ...

*Lassen Sie Ihrem vierbeinigen Neuzugang viel Zeit für die **Eingewöhnung**. Am besten nehmen Sie sich Urlaub, damit Sie sich erst einmal gegenseitig in Ruhe kennenlernen können. Springen Sie trotzdem nicht den ganzen Tag nur um Ihr neues Familienmitglied herum. Geben Sie Ihrem Hund genug Freiraum, sein jetziges Zuhause selbst zu erkunden. Zeigen Sie ihm andererseits vom ersten Tag an liebevoll, aber bestimmt, was er darf und was nicht. Respektieren Sie auch ausreichende Ruhephasen, in denen Ihr Vierbeiner nicht gestört werden möchte, schließlich sind die vielen neuen Eindrücke anstrengend und ermüdend.*

Vorüberlegungen und Anschaffung

Ein Weimaraner, der nicht jagdlich geführt wird, braucht einen adäquaten Beschäftigungsersatz wie beispielsweise Dummy-Training.

Wer mit einem Weimaraner unterwegs ist, fällt auf, denn das markanteste Merkmal dieser Rasse ist seine aparte Farbe. Gerade dieses Auffallen wird dem Weimaraner leider zunehmend zum Verhängnis, denn manche Menschen sehen in ihm nur ein chices, vierbeiniges Accessoire, ohne sich mit den wahren Bedürfnissen dieser anspruchsvollen Hunde ernsthaft auseinanderzusetzen. Die immer mehr boomenden nicht-jagdlichen Zuchten, die in der Regel keinem FCI-Rassezuchtverein angeschlossen sind, tun ihr Übriges dazu, dass Weimaraner auch unter Nichtjägern Verbreitung finden. Nicht selten landen solche Vierbeiner dann aus Unwissenheit, Inkompetenz und Überforderung der Halter völlig verkorkst oder verhaltensgestört im Tierheim. Hinter dem so edel aussehenden Hund verbirgt sich einfach ein passionierter, ausdauernder und vielseitiger Jagdgebrauchshund, der unbedingt arbeiten will und muss. Eine Rasse, die seit jeher für den Einsatz im Jagdrevier gezüchtet wurde, anderweitig auszulasten, ist nicht ganz einfach, denn die jagdlichen Anlagen sind stark ausgeprägt und können nicht einfach unterdrückt werden. Es empfiehlt sich daher, einen nicht-jagdlich geführten Weimaraner mit einer jagdnahen Aufgabe zu beschäftigen. Diese sollte vorrangig Kopf und Nase des Hundes fordern, um einen Jagdeinsatz so gut wie möglich zu simulieren. Abwechslungsreiches Dummy-Training und Fährtensuche sowie Mantrailing oder Rettungshundearbeit können dem Weimaraner eventuell einen adäquaten Ersatz zur Arbeit im Revier bieten (auch in der jagdfreien Zeit). Ein Weimaraner, der nicht im ständigen Jagdeinsatz steht, sollte jedoch immer die Ausnahme bleiben.

Eine anspruchsvolle Beschäftigung ist Pflicht

Haben Sie einen eigenen Garten, bedenken Sie, dass ein bloßes „Abstellen" des Hundes darin den täglichen Auslauf nicht ersetzen und somit auch das große Bewegungsbedürfnis des Jagdgebrauchshundes nicht befriedigen kann. Tägliche, lange Spaziergänge (bei jedem Wetter), bei denen der Vierbeiner etwas erleben und sich auch ohne Leine so richtig auspowern darf, sind für den temperamentvollen Vorstehhund absolut Pflicht. Gerne begleitet der Weimaraner seine Leute natürlich auch beim Radfahren, Joggen, Walken, Wandern, Inlineskaten oder Reiten. Abwechslung ist für ihn Trumpf. Nur einfaches, stures Spazierengehen ist ihm hingegen zu langweilig und lastet ihn nicht aus. Neben abwechslungsreichen Bewegungsmöglichkeiten ist Teamarbeit für den Weimaraner enorm wichtig. So ist er gerne unverzichtbarer Partner seiner Bezugsperson, die ihn zusätzlich regelmäßig mit einer anspruchsvollen Kopfarbeit fordern muss. Überlegen Sie sich daher unbedingt vorab, ob Sie wirklich gewillt sind, Ihrem wedelnden Freizeitpartner die Freude zu machen, mehrmals in der Woche im Jagdrevier, auf einem Hundesportplatz oder mit anderen Aktivitäten zu verbringen. Ein Weimaraner benötigt also generell sehr viel Zeit, Aufmerksamkeit und

Anforderungen an den Halter

Schon für den Junghund ist neben einer angemessenen körperlichen Auslastung regelmäßige Kopfarbeit enorm wichtig.

Zuwendung. Vom Halter werden zudem körperliche Fitness und gute Kondition verlangt, um den vierbeinigen Bewegungsfetischisten angemessen auslasten zu können. Auch ist ein hohes Maß an Kreativität wichtig, damit es dem intelligenten Vorstehhund nicht an kurzweiliger Beschäftigung mangelt.

Wird man als Nichtjäger dem Temperament und Arbeitseifer dieser Jagdhunde nicht auf andere Art und Weise gerecht, kann der Traumhund schnell zum Alptraum werden. Dann nämlich, wenn er aus Langeweile launisch wird, anfängt zu streunen oder andere Unarten wie einen übersteigerten Bewachungstrieb an den Tag legt. Ein Weimaraner ist also sicherlich nichts für Langweiler und Stubenhocker. Viel wohler fühlt er sich bei sportlichen Outdoorfans, die mit Hundeverstand und Einfühlungsvermögen auf das sensible Energiebündel eingehen. Kreative Action und Humor sowie stete Konsequenz, Verständnis und Geduld dürfen dabei nicht zu kurz kommen.

Grundsätzlich braucht der Weimaraner eine sehr feinfühlige, aber auch souveräne, klare Hand, die ihn liebevoll, aber bestimmt, ohne Härte führt. Gegenseitiger Respekt und Fairness müssen die Basis im Zusammenleben mit dem intelligenten Vorstehhund bilden.

Ein Weimaraner ist alles andere als ein hübsches Modeaccessoire, mit dem man chic durch die Stadt flanieren kann.

Kindsköpfiger Spätzünder

Haben Sie den richtigen Draht zu Ihrem Weimaraner, wird es nichts geben, was er nicht für Sie tut, denn er möchte unbedingt gefallen. Generell darf einem Weimaranerhalter im Umgang mit seinem Vierbeiner ein stetes Augenzwinkern nicht fehlen, denn der intelligente Vorstehhund hat durchaus Spaßvogelqualitäten, die er gerne erwidert sieht. Da er als Spätzünder eine recht lange Entwicklungszeit durchläuft, bis er physisch und psychisch voll ausgereift ist, hat ein Weimaraner auch lange Zeit allerhand Flausen im Kopf. Ein sanftes, aber bestimmtes Grenzensetzen ist in dieser Phase enorm wichtig. Allzu weiche und inkonsequente Menschen werden mit einem Weimaraner sicherlich keine Freude haben.

Vorüberlegungen und Anschaffung

Der wasserliebende Vorstehhund sieht auch selbst einen hübsch angelegten Gartenteich als sein Privatschwimmbad an.

Gemäß seiner jagdlichen Veranlagung steht Apportieren beim Weimaraner hoch im Kurs. Rasseinteressenten dürfen sich also nicht daran stören, dass sich ihr zukünftiger Hausgenosse eventuell selbstständig Apportieraufgaben im Haushalt sucht. Auch seinem zweiten großen Hobby, dem Planschen oder Schwimmen, soll der graue Vorstehhund frönen dürfen. Dabei macht er sogar vor schmutzigen und schlammigen Wasserpfützen nicht Halt. Selbst der akkurat angelegte Gartenteich zu Hause ist vor seiner Wasserfreude nicht

Achten Sie unbedingt auf eine schlanke Linie Ihres Hundes, denn Weimaraner fressen für ihr Leben gern.

sicher. Sehr penible Menschen werden daher möglicherweise nicht glücklich mit dem nässeliebenden Vierbeiner. Zwar kann man einem Weimaraner den Gartenteich durchaus als Tabuzone vermitteln, ein generelles Badeverbot, auch außerhalb des eigenen Gartens, würde seine Lebensqualität jedoch enorm einschränken und wäre somit nicht unbedingt rassegerecht.

Nicht stören darf es einen Rasseinteressenten, wenn der Weimaraner eventuell eine solche Anhänglichkeit an den Tag legt, dass er seine Bezugsperson am liebsten noch auf die Toilette begleiten würde. Diese völlige Hingabe des Hundes ist sicherlich nicht jedermanns Sache und kann durchaus auch als lästig empfunden werden.

Denken Sie vor einer Anschaffung außerdem an die unglaubliche Verfressenheit der Rasse. Damit der Hund nicht verfettet und dadurch gesundheitliche Schäden davonträgt, ist bei der Fütterung von Seiten des Halters sehr viel Disziplin gefragt. Zusätzlich sollte alles Fressbare für den Weimaraner unerreichbar aufbewahrt werden. Ein unbeaufsichtigter Plätzchenteller auf dem Couchtisch, kurz aus den Augen gelassene Butterbrote oder gar ein ganzes Grillbuffet, fallen dem „klauenden Raben" ebenso schnell zum Opfer wie Fressalien aus einer achtlos abgestellten Einkaufstasche.

Vollblutjagdhund sucht Aufgabe

Da der Weimaraner ausgesprochen anhänglich und menschenbezogen ist, braucht er unbedingt engen Kontakt zu seinen Leuten. Er möchte an allem teilhaben und ist am liebsten immer und überall mit dabei. Das Alleinsein gefällt ihm hingegen gar nicht. Sperren Sie ihn auch nicht weg, wenn Besuch kommt, denn damit könnten Sie seinen ohnehin stark ausgeprägten Beschützerinstinkt weiter fördern. Es versteht sich generell von selbst, dass der

Anforderungen an den Halter

rassetypische Schutztrieb von Anfang an in die richtigen Bahnen gelenkt werden muss und nicht im negativen Sinne ausgenützt werden darf. Um diese Veranlagung richtig zu handeln, ist schon für den Umgang mit einem Welpen viel Fingerspitzengefühl und Hundeverstand erforderlich. Erziehungsfehler, die im ersten Lebensjahr unterlaufen, rächen sich später bitter. Eine gute Sozialisation ist für einen Weimaraner sehr wichtig. Der regelmäßige, längerfristige Besuch einer jagdhundeerfahrenen Hundeschule, inklusive Welpenspielstunde ist für die Rasse also unerlässlich. Menschen, die einen Weimaraner rein als Prestigeobjekt ansehen oder den Hund nur aufgrund seines aparten Aussehens anschaffen, werden auf Dauer nicht glücklich mit einem fordernden Lebewesen wie es ein Hund nun mal ist. Auch der Vierbeiner hat hier schlechte Karten, mit all seinen Bedürfnissen voll zum Zug zu kommen.

Nichtjäger sollten eine Anschaffung sehr gut überlegen und durchdenken. Der Weimaraner ist und bleibt ein Arbeitshund, der nur bei sportlichen, einfühlsamen und humorvollen Naturmenschen, die ihm genügend rassegerechte Beschäftigung (am besten in einem Jagdrevier), viel Zeit und engen Familienanschluss bieten, so richtig glücklich sein wird.

Ist es Ihnen möglich, einen Weimaraner gänzlich in Ihr Leben zu integrieren, geht es nun an die Auswahl des Hundes.

Beachten Sie außerdem …

Denken Sie vor der Anschaffung eines Weimaraners auch an die Masse des ausgewachsenen Hundes. Sie brauchen so viel körperliche Kraft, dass Sie Ihren Vierbeiner im Notfall auch einmal tragen bzw. heben können. Außerdem müssen Sie kräftemäßig in der Lage sein, den stattlichen Vorstehhund zu halten, wenn er mal einer Katze hinterherjagen oder einen feindlich gesonnenen Artgenossen angehen möchte.

Der anhängliche Jagdgebrauchshund bewegt sich am liebsten mit seinem Menschen im Team.

Welpe oder erwachsener Hund?

Ein Welpe kann anfangs auch mal nervenaufreibend sein, andererseits entwickelt er sich genau so wie Sie ihn formen.

sich an fremde Menschen, Tiere und einen normalen Alltag gewöhnen, und er muss erst lernen, alleine zu bleiben. Zunächst benötigt ein Welpe drei- bis viermal am Tag Futter. Mehrere kurze Spaziergänge sind für den, sich noch im Wachstum befindlichen, instabilen Bewegungsapparat des Hundekindes, auf den sich zu viel Belastung folgenschwer auswirken kann, sinnvoller als ein ganz langer. Die Erziehung und eventuelle jagdliche Ausbildung eines jungen Hundes sowie die oft etwas renitente Flegelphase werden Sie voll und ganz fordern. Andererseits lässt sich ein Welpe noch gut formen, er entwickelt sich also größtenteils genau zu dem, zu dem Sie ihn machen. Dies gilt natürlich auch im negativen Sinne: Haben Sie nicht von Anfang an eine klare Linie in Ihrer Erziehung, bekommen Sie bald einen aufsässigen, verzogenen Fratz, der Ihnen im Erwachsenenalter schnell über den Kopf wächst.

Bei der Erziehung eines jungen Hundes ist absolute Konsequenz und ein großes Durchhaltevermögen gefragt.

Steht für Sie die Anschaffung eines Weimaraners fest, überlegen Sie sich, ob Sie einen Welpen oder einen erwachsenen Vierbeiner aufnehmen wollen. Ein Welpe ist wie ein Rohdiamant, den Sie erst schleifen müssen. Dies kostet viel Zeit und Geduld, aber sicherlich auch Nerven und Anstrengungen. Ein junger Hund verlangt ständige Zuwendung, anfangs sogar nachts. Es dauert eine Weile, bis der kleine Kerl stubenrein ist. Außerdem muss er

Ein älterer Hund ist ausgereift

Mit einem älteren Vierbeiner kann dagegen schon etwas mehr Ruhe in Form einer ausgereiften Hundepersönlichkeit bei Ihnen einziehen. Ein erwachsener Weimaraner ist höchstwahrscheinlich aus dem Gröbsten raus, er ist stubenrein, ist mit Halsband und Leine vertraut, kann ab und zu mal alleine bleiben und kennt mindestens die erzieherischen Grundkommandos wie Sitz, Platz, Hier und Pfui – vorausgesetzt natürlich, er genoss bis zu diesem Zeitpunkt ein gutes Zuhause mit einer entsprechenden Prägung. Außerdem kann ein erwachsener Weimaraner schon eine jagdliche Ausbildung genossen haben. Jägern bliebe die zeitaufwendige Einarbeitung im Revier somit möglicherweise erspart. Ist Ihnen allerdings die vollständige Lebensgeschichte Ihres Weimaraners bis zum Zeitpunkt des Einzuges bei Ihnen unbekannt, kaufen Sie möglicherweise die „Katze im Sack". Der genaue Charakter, eventuelle Macken und das Verhalten des Vierbeiners zeigen sich erst im alltäglichen Zusammenleben. Daher kann die Aufnahme eines erwachsenen Hundes eher etwas für Kenner sein. Eindeutige Regeln und Grenzen sind sehr wichtig für ein harmonisches Miteinander, deshalb muss dem neuen Familienmitglied seine untergeordnete Stellung im Hunderudel von Anfang an klargemacht werden.

Hunde-unerfahrene Menschen entscheiden sich also besser für einen Welpen als für einen gänzlich unbekannten erwachsenen Vierbeiner. Ersthalter können mithilfe einer guten, jagdhunderfahrenen Hundeschule gemeinsam mit ihrem Welpen wachsen und lernen. Der Einzug eines Welpen erleichtert auch das Zusammengewöhnen mit eventuellen weiteren Haustieren. Halten Sie bereits einen oder mehrere Hunde, hat ein Welpe noch mehr Narrenfreiheit und wird eher spielerisch, aber doch bestimmt in die Rangordnung der anderen Rudelmitglieder eingewiesen. Bei einem erwachsenen, voll ausgereiften Neuzugang können dagegen gleich heftige Kämpfe um die Rudelposition ausbrechen.

Ein erwachsener Vierbeiner hat höchstwahrscheinlich schon eine gewisse Grunderziehung erhalten.

Bedenken Sie unbedingt …

Schaffen Sie den Hund nicht für Ihre Kinder an, sondern für sich: Schnell verlieren Kinder das Interesse oder gehen, flügge geworden, aus dem Haus. Sie müssen voll und ganz hinter einer Hundeanschaffung stehen, denn die Hauptarbeit bleibt unter Umständen bald an Ihnen hängen.

Rüde oder Hündin?

Die Wahl des für Sie passenden Geschlechts hängt von Ihren Vorstellungen und Wünschen ab.

Ob Sie sich für einen Rüden oder eine Hündin entscheiden, ist Geschmacksache. Weimaraner-Rüden werden etwas größer als Hündinnen. Oft wirken sie imposanter und selbstbewusster in der Körperhaltung. Sie sind in Vielem hartnäckiger und manchmal auch sturer als Hündinnen. Rüden neigen eher zu Dominanz und zeigen sich härter, weshalb ihre Halter bei der Ausbildung meist etwas mehr Durchsetzungsvermögen brauchen. Ein Rüdenbesitzer muss sich aber auch von Zeit zu Zeit auf einen liebeskranken und somit fürchterlich leidenden Vierbeiner einstellen und zwar dann, wenn eine Hündin in der Umgebung läufig ist. Etliche verliebte Casanovas tun ihren Schmerz um die unerreichbare Angebetete sogar lautstark kund; diese Heulorgien können wiederum zu Ärger bei den Nachbarn führen. Außerdem erweisen sich viele liebestolle Vertreter als wahre Ausbrecherkönige, wenn es darum geht, ihrer „Traumfrau" näherzukommen. Ein intakter Gartenzaun ist also bei unkastrierten Rüden besonders wichtig. Das ständige Markieren eines Rüden ist ebenfalls nicht jedermanns Sache. Hobbygärtner

Das ständige Markieren eines Rüden kann einen peniblen Hobbygärtner zur Verzweiflung bringen.

Die läufige Hündin

Eine Weimaraner-Hündin wird zum ersten Mal um den neunten bis 14. Lebensmonat läufig. Die erste Läufigkeit fällt meist schwächer aus als die darauf folgenden. Insgesamt dauert die Hitze, die in der Regel zweimal im Jahr auftritt, etwa 21 Tage. Sie unterteilt sich in drei Phasen: Die ersten neun Tage bezeichnet man als sogenannte Vorbrunst (Proöstrus), äußerlich zu erkennen am Anschwellen der Schamlippen. Meist ist die Hündin nun ruhiger, vielleicht etwas launisch, markiert anfangs häufig, manchmal frisst sie schlecht und neigt zum Streunen. Während des Proöstrus' lässt die Hündin zwar noch keinen Rüden an sich heran, ihr Interesse am anderen Geschlecht wächst jedoch zunehmend. Allmählich tritt immer mehr schleimiges, mit Blut vermischtes Sekret aus der Scheide aus. Die zweite Phase ist die sogenannte Hochbrunst oder Eisprungphase (Östrus). Zu diesem Zeitpunkt wandern die Eizellen vom Eierstock in den Eileiter; dort können sie befruchtet werden. Der Östrus dauert acht bis zehn Tage und ist zu erkennen am weiteren Anschwellen sowie einer noch stärkeren Durchblutung und somit Rötung der Schamlippen. Zu Beginn dieser zweiten Phase verstärken sich die schleimig-blutigen Ausscheidungen weiter, ehe sie schließlich in einen hellen Ausfluss übergehen. Ab dem neunten Tag der Läufigkeit „steht" die Hündin; nun kann sie aufnehmen. Ihre Paarungsbereitschaft zeigt sie Rüden ganz klar durch eine vermehrte, fast aufdringliche Annäherung und das seitliche Wegknicken ihrer Rute. Nach dem Östrus folgt schließlich der Metöstrus. In dieser Phase klingt die Läufigkeit langsam ab, die Schwellung der Schamlippen geht zurück, der Ausfluss wird immer weniger. Auch das Verhalten normalisiert sich allmählich wieder. Äußere Umstände wie Stress (z. B. anstrengende Arbeitseinsätze von Gebrauchshunden) oder klimatische Einflüsse (z. B. starke Kälte) sowie Krankheiten können die Läufigkeit beeinflussen, sodass sie eventuell auch mal ausbleibt. Es ist außerdem möglich, dass sich die Abstände der Läufigkeit mit zunehmendem Alter der Hündin vergrößern und die Symptome nicht mehr so stark ausgeprägt sind.

Die meisten Hündinnen werden im Anschluss an ihre Hitze scheinträchtig. Dies ist ein völlig natürlicher Vorgang, der auf die Abstammung des Hundes vom Wolf zurückgeht: Im Wolfsrudel wirft nur die Alpha-Hündin. Da diese aber zur Jagd gebraucht wird, synchronisieren sich auch alle anderen Hündinnen des Rudels mit der Läufigkeit der Alpha-Hündin. Sie werden jedoch „nur" scheinträchtig und haben Milch, damit eine gemeinsame Aufzucht der Welpen gegeben ist.

Bei der Scheinträchtigkeit eines Hundes schaffen homöopathische Mittel wie Pulsatilla oder Ignatia Abhilfe. Geht die Scheinträchtigkeit jedoch mit Aggressivität, Apathie und übermäßiger Milchbildung einher, kann eine Kastration oder Behandlung mit Prolaktinhemmern angebracht sein. Sprechen Sie in diesem Fall mit Ihrem Tierarzt.

Während einer anstrengenden Jagdperiode kann sich die Läufigkeit der Hündin auch mal verschieben.

Verhütung bei Hunden

*Bei der Kastration einer **Hündin** nimmt man operativ die Eierstöcke und die Gebärmutter heraus. Da nun die entsprechenden hormonproduzierenden Drüsen fehlen, ist der Geschlechtstrieb nach einer Kastration völlig ausgeschaltet.*

Ob das Risiko der Hündin, an Gebärmutterkrebs oder an einem Gesäugetumor zu erkranken, bei einer Kastration vor der ersten Läufigkeit deutlich vermindert bzw. praktisch ausgeschlossen wird, ist umstritten. Fakt ist jedoch, dass eine so frühe Kastration ein dauerhaft kindlich-kindisches Wesen der Hündin zur Folge haben kann, denn der Reifeprozess, der durch die Hormone ausgelöst wird, fehlt hier.

Inzwischen ist in Studien belegt worden, dass Gesäugetumore auch unabhängig von einer Kastration durch eine zu energie- und proteinreiche Ernährung oder Fettleibigkeit im ersten Lebensjahr hervorgerufen werden können.

*Ein **Rüde** ist kastriert, wenn seine beiden Hoden entfernt wurden.*

Kastrierte Tiere werden in der Regel ruhiger. Manche Hunde neigen anschließend durch den veränderten Hormonhaushalt verstärkt zu Fettansatz (Futtermenge anpassen!), eventuellen Fellveränderungen oder zeigen Inkontinenz. Während man Hündinnen hauptsächlich zur Vermeidung unerwünschten Nachwuchses kastriert, erfolgt die Kastration eines Rüden häufig bei sehr selbstbewussten, hormonell gesteuerten Verhaltensauffälligkeiten. Selbstverständlich lassen sich Verhaltensauffälligkeiten, die durch Erziehungsfehler des Halters entstanden sind, nicht durch eine Kastration korrigieren. Kennt man die hormonellen Abläufe beim Hund nicht und kastriert zum „falschen" Zeitpunkt, können sich die negativen Eigenschaften sogar noch verstärken.

Manche Rüden haben, bedingt durch zu viel Testosteron, einen übersteigerten Sexualtrieb, der mit Streunen, übertriebenem Imponiergehabe und aggressivem Konkurrenzverhalten gegenüber anderen Rüden einhergeht. Hier oder bei krankhaften Veränderungen der Geschlechtsorgane kann die Kastration eines Rüden durchaus nötig sein.

Beim Rüden wirkt die Kastration auch als vorbeugende Maßnahme gegen Prostataerkrankungen und Perinaltumore (= Zubildungen rund um den After).

Letztendlich liegt es in den Händen eines verantwortungsvollen Tierarztes, individuell zu entscheiden, ob eine Kastration angebracht ist oder nicht.

Eine Alternative zur operativen Trächtigkeitsverhütung stellt die medikamentöse Verhütung mittels Hormonpräparaten dar. Diese Methode sollte allerdings nicht auf Dauer eingesetzt werden, denn die hormonelle Manipulation einer Hündin erhöht die Wahrscheinlichkeit einer eitrigen Gebärmutterentzündung, die in der Regel wiederum nur operativ zu behandeln ist.

Eine weitere ganz neue Möglichkeit ist die Verhütung mittels Implantat, das wie ein Mikrochip unter die Haut gespritzt wird und alle sechs Monate ausgetauscht werden muss. Laut Hersteller ist dieses Implantat nebenwirkungsfrei, allerdings ist es nicht ganz billig (ca. 50,- € Materialkosten). Für Hündinnen ist das Verhütungsimplantat noch in der Probephase. Bei Rüden wird es bereits eingesetzt mit derselben Wirkung einer operativen Kastration.

Rüde oder Hündin?

Meist werden Hunde nach der Kastration ruhiger. Außerdem neigen sie durch den veränderten Hormonhaushalt anschließend zu Fettpölsterchen.

Eine Hündin fällt durch ihre Läufigkeit in der Jagdsaison immer wieder mal aus.

büßen dabei sicherlich die eine oder andere Pflanze ihres Gartens ein. Bei vermeintlich konkurrierenden Artgenossen lassen unkastrierte Rüden gerne den Macho raushängen, der auch mal mit viel Getöse einen Schaukampf um die Rangordnung anzettelt. Solche Auseinandersetzungen sind jedoch meist harmlos, während Hündinnen untereinander, aus der instinktsicheren Sorge um ihren vermeintlichen Nachwuchs, mit echten Beißereien nicht lange fackeln.

Bezüglich einer Kastration lassen Sie sich am besten ganz individuell von Ihrem Tierarzt beraten.

In der Regel haben Hündinnen eine zierlichere Statur als Rüden. Machtkämpfe wie sie bei Rüden um die hausinterne Rangordnung hin und wieder vorkommen können, sind bei Hündinnen eher selten. Dies kommt jedoch auch auf die Erziehung der Hunde und die sozialen Strukturen innerhalb des Rudels an. Hündinnen geben sich, vor allem hormonell bedingt, schon mal zickig. Eine Hündin wird ein- bis zweimal im Jahr läufig. In diesem Zeitraum, der etwa drei Wochen dauert, ist besondere Vorsicht geboten, damit es nicht zu unerwünschtem Nachwuchs kommt. Um Flecken im Haus zu vermeiden, ist ein spezielles Hundehöschen mit extra Slipeinlagen aus dem Fachhandel nötig. Daran gewöhnt sich der Vierbeiner in der Regel jedoch schnell, obwohl es immer wieder auch Ausnahmen gibt: Manche Hündinnen versuchen alles, ihre Hose wieder loszuwerden. Eine Hündin kann während ihrer Läufigkeit natürlich nicht auf Bewegungsjagden eingesetzt werden, insofern fällt eine unkastrierte Hündin hormonell bedingt auch ab und zu mal als Jagdgehilfin aus. Wollen Sie die Läufigkeit Ihrer Hündin auf Dauer umgehen, schafft eine Kastration Abhilfe. Dieser Eingriff in den Hormonhaushalt der Hündin ist in Fachkreisen allerdings nicht unumstritten.

Ein Hund aus zweiter Hand

Einen Secondhand-Hund zu übernehmen, verlangt oft Hundeverstand und Erfahrung.

Ein Hund aus zweiter Hand

Die Aufnahme eines Hundes aus zweiter Hand erfordert meist viel Geduld und Einfühlungsvermögen. Die Vorgeschichte eines solchen Vierbeiners liegt oft völlig im Dunkeln, unerwartete Verhaltensweisen können auftreten. Selbst bei einem Tierheim-Welpen wissen Sie häufig nichts Näheres über seine bisherige Haltung. Da schon eine gute Kinderstube sehr wichtig und prägend für eine intakte Hundeseele ist, kann hier bereits einiges schiefgelaufen sein, was sich nur schwer wieder ausbügeln lässt. Auch das Wesen der Elterntiere, die Sie bei einem Secondhand-Hund meist nicht kennenlernen, ist ein wichtiger Anhaltspunkt für den späteren Charakter Ihres jetzt ausgesuchten Zöglings.

Je nach früheren Erlebnissen hat Ihr junger oder älterer Weimaraner vielleicht schon einige Macken, die Sie erst allmählich herausfinden müssen. Trotzdem lohnt es sich, diese Nuss behutsam zu knacken. Besuchen Sie Ihren auserwählten Vierbeiner bereits im Tierheim häufiger und gehen Sie oft mit ihm spazieren, ehe Sie sich endgültig für eine Übernahme entscheiden. Die Auswahl eines Secondhand-Hundes erfordert besondere Sorgfalt, schließlich soll der Vierbeiner mit seiner neuen Familie zu einem echten Glückspilz und nicht, nach seinen ersten auftauchenden Eigenarten, zum erneut abgeschobenen Pechvogel werden.

Wichtig ist, sich und den Hund von Anfang an nicht unter Druck zu setzen. Geben Sie sich für die Gewöhnung aneinander unbedingt ausreichend Zeit. Weisen Sie Ihre Kinder schon im Vorfeld darauf hin, dass der neue Vierbeiner erst einmal Ruhe und Behutsamkeit zur Eingewöhnung braucht. Bevor sie auf ihn zustürmen und ihn streicheln wollen, sollten auch sie erst einmal genau beobachten, wahrnehmen und abwarten.

Ein Hund aus zweiter Hand braucht besonders viel Zeit zur Eingewöhnung.

Beachten Sie ...

Die Übernahme eines Tierheimhundes erfordert in der Regel Hundeerfahrung, denn wie erwähnt, liegt die Vergangenheit des Vierbeiners häufig im Dunkeln. Manche Tierheimhunde erscheinen auf den ersten Blick unkompliziert und anpassungsfähig; in unterschiedlichen, oft ganz banalen Situationen des Alltags holen sie jedoch rasch frühere schlechte Erlebnisse ein und lassen sie dementsprechend reagieren. Für Anfänger wird dies unter Umständen zu einem unlösbaren Problem. Hundeerfahrene Menschen können sich dagegen kompetenter und souveräner darauf einstellen und damit auseinandersetzen. Erstlingshaltern sei daher geraten, zunächst einmal einen Welpen von einem seriösen VDH- bzw. FCI-Züchter zu nehmen.

Auswahl von Züchter und Hund

Nehmen Sie sich für die Auswahl einer guten Zuchtstätte viel Zeit. Auch ein weiterer Anfahrtsweg lohnt sich allemal.

Fällt Ihre Wahl auf einen Hund vom Züchter, bekommen Sie eine aktuelle Wurfliste über die Welpenvermittlung der Rassevereine. Vergleichen Sie verschiedene Zwinger kritisch vor Ort miteinander. Prüfen Sie die Zuchtstätte ganz genau und nehmen Sie nicht den erstbesten Welpen vom erstbesten Züchter. Scheuen Sie sich nicht vor weiten Anfahrtswegen, immerhin geht es um die sorgfältige Auswahl eines neuen Familienmitglieds, mit dem Sie viele glückliche Jahre teilen möchten. Stellen Sie sich auch auf eine eventuelle Wartezeit ein, denn häufig wird nur auf Nachfrage hin gezüchtet. Dies ist allerdings ein gutes Zeichen, spricht es doch für eine reine Hobbyzucht, die primär an die Hunde und nicht an den Profit denkt. Trotzdem muss Ihnen ein gesunder Weimaraner-Welpe einiges Wert sein: Der durchschnittliche Welpenpreis liegt derzeit bei etwa 750,- € bis 1000,- €.

Die Welpen sollen mit vollem Familienanschluss aufwachsen, sich bei Ihrem Besuch interessiert, selbstbewusst und freundlich zeigen. Ihr Fell glänzt, sie sind gut genährt und sehen rundum gesund aus. Das Verhalten der Welpen darf weder ängstlich noch aggressiv sein. Nehmen Sie außerdem die Mutter und, falls anwesend, auch den Vater sowie deren Gesundheitszeugnisse und Prüfungsergebnisse gründlich in Augenschein. Beide Elterntiere müssen Ihnen gegenüber zutraulich und freundlich sein. Achten Sie unbedingt auf Sauberkeit und Hygiene in der Zuchtstätte sowie auf einen Auslauf mit genügend, eventuell schon jagdlich orientierten Spielmöglichkeiten für die Kleinen.

Ein guter Züchter interessiert sich sehr für Sie, Ihr Umfeld, eventuell bereits vorhandene

Eine frühe Prägung der Welpen auf den späteren Jagdeinsatz ist bei einem seriösen Züchter selbstverständlich.

Auswahl von Züchter und Hund

Besuchen Sie Ihren Welpen ruhig schon mehrmals beim Züchter, denn dann gewöhnt er sich bereits etwas an Sie.

Jagdhundeerfahrung und das zukünftige Einsatzgebiet des Weimaraners. Er wird Sie in keiner Weise bedrängen oder Ihnen einen Welpen aufschwatzen. Andererseits fragt er Sie, welche Wesenszüge Sie, auch bezüglich des eventuellen späteren Jagdeinsatzes, von Ihrem Hund erwarten, damit er Ihnen einen geeigneten Welpen aus dem Wurf konkret vorstellen kann, schließlich kennt er seine Hunde und deren Nachwuchs am besten. Das Wohl seiner Hunde liegt einem seriösen Züchter wirklich am Herzen.

Haben Sie sich schließlich für einen Züchter und einen seiner Welpen entschieden, vereinbaren Sie vor der Abholung Ihres Vierbeiners weitere Besuche, damit sich der Kleine schon etwas an Sie gewöhnt. Bringen Sie zusätzlich ein altes Handtuch mit, das in das Welpenlager gelegt, bald nach der Mutter und den Wurfgeschwistern riecht. Bei der Abholung des Welpen nehmen Sie dieses Tuch wieder mit und legen es ihm zuhause in sein neues Körbchen. Durch den weiterhin vorhandenen bekannten Geruch fällt ihm die Trennung von seiner Kinderstube nicht so schwer.

Nur vom seriösen Züchter

Nehmen Sie Abstand von Mitleidskäufen. Bei dubiosen Schwarzzuchten oder Hundehändlern liegen Herkunft, Aufzucht und Vergangenheit der Hunde oft völlig im Dunkeln, sodass Sie anstelle eines gesunden und wesensfesten Rassehundes schnell eine Mogelpackung bekommen, die Ihnen mit zunächst versteckten Krankheiten und Verhaltensstörungen ein Hundeleben lang Kummer bereiten kann. Das Warten auf einen Welpen von einer kontrollierten FCI-Zucht lohnt sich allemal. Hier gelten strenge Zuchtauflagen, die eine gute Basis für das Hervorbringen robuster, gesunder und wesensstarker Vierbeiner bilden. Ein gleichzeitiges Aufziehen mehrere Würfe (möglicherweise noch von unterschiedlichen Rassen) innerhalb einer Zuchtstätte sollte Sie stutzig machen, spricht dies doch sehr für eine rein kommerzielle Angelegenheit.

Bitte beachten Sie: Nur ein Welpe aus einer VDH-/FCI-Zucht ist auch zu den jagdlichen Prüfungen zugelassen.

Auch wenn er noch so traurig schaut: Hände weg von dubiosen Schwarzzuchten, die nur an ihren Profit nicht aber an die Hunde denken.

Welches Zubehör ist nötig?

Schaffen Sie schon vor Einzug Ihres Weimaraners diverses Hundezubehör an.

Für Ihren Welpen benötigen Sie zunächst ein **Welpenhalsband** oder **-geschirr** und eine **Leine**. Als Material hat sich Nylon bewährt; im Vergleich zu Leder ist es leichter, stabiler, nässefester und problemloser zu reinigen. Der ausgewachsene Hund braucht später ein größeres und breiteres Halsband oder Geschirr sowie eine passende, stabile Leine. Gewöhnen Sie Ihren Weimaraner sofort an das Tragen eines Halsbandes. Bringen Sie am Halsband neben der Steuermarke, eine gravierte Plakette oder eine Hülse mit Ihrer Adresse und Telefonnummer an, damit Sie im Falle des Verschwindens Ihres Vierbeiners schnell benachrichtigt werden können. Achten Sie darauf, dass das Halsband nicht zu eng und nicht zu locker sitzt. Ein Finger muss problemlos zwischen Hals und Halsband passen.

Besorgen Sie außerdem für Haus und Garten je ein Set mit einem **Futter-** und einem **Wassernapf**. Sehr gut geeignet, da leicht zu rei-

Welches Zubehör ist nötig?

Praktisch ist eine Futterstation mit höhenverstellbaren Näpfen.

nigen, sind Edelstahl-, Keramik- oder stabile Plastiknäpfe.
Bei der Wahl des richtigen **Welpenfutters** lassen Sie sich am besten vorab von Ihrem Züchter beraten. Natürlich dürfen auch **Belohnungsleckereien** nicht fehlen.

Schlafplatz, Fellpflege und Spielzeug

Ihr Hund braucht zudem seinen eigenen **Liegeplatz**. Manchen Vierbeinern reicht hier eine einfache Decke oder ein Kissen, andere kuscheln sich lieber in einen Korb. Wichtig ist auch hier die Möglichkeit einer leichten, unproblematischen Reinigung, denn angemessene Sauberkeit und Hygiene sind eine wichtige Basis für ein langes, gesundes Hundeleben. Alle Decken und Kissen müssen maschinenwaschbar sein. Ein Korb wird von Zeit zu Zeit ausgeschrubbt und anschließend mit Ungezieferspray behandelt. Hunde „körbe" gibt es inzwischen nicht nur aus Rattangeflecht, sondern auch aus stabilem, beißfestem Plastik oder aus Schaumgummi mit Stoffüberzug. Für den Junghund, der noch alles annagen und zerbeißen will, hat sich als Übergangslösung ein großer, mit einer Decke ausgelegter Karton bewährt, der schnell und preiswert ausgetauscht werden kann.

Ebenfalls praktisch und vielseitig verwendbar ist eine große Plastik-**Transportbox**. Während Ihr Welpe darin bereits ein heimeliges Lager vorfindet, in dem Sie ihn während Ihrer Abwesenheit auch mal ausbruchssicher verwahren können, weiß später sogar Ihr erwachsener Weimaraner diese Rückzugsmöglichkeit zu schätzen, vermittelt das Innere solch einer Box doch die Geborgenheit einer Höhle.
Die beste Lage des Schlafplatzes ist eine ruhige Ecke, von der aus Ihr Hund ungestört am Familienleben teilhaben darf, andererseits aber keinen Blick auf eine Tür hat, ansonsten kann er sich schnell zum übereifrigen Aufpasser mit Kläff- und Aggressionstendenzen entwickeln. Wirkliche Entspannung wäre an einem solch exponierten Ort nicht mehr für den Hund möglich.
Eine Transportbox ist ebenfalls sehr hilfreich, Ihren Hund sicher im Auto unterzubringen. Eine ordnungsgemäße Sicherung des Vierbeiners in einem Auto ist

Ein eigener Schlafplatz muss als jederzeit verfügbarer Rückzugsort sein.

Vorüberlegungen und Anschaffung

EXTRA

Das richtige Hundespielzeug

Gerade für den Langhaar-Weimaraner sollten Sie stets eine Bürste griffbereit haben.

übrigens Pflicht. Bei Verstoß drohen hohe Geldstrafen. Andere **Sicherungssysteme** für die Autofahrt sind beispielsweise ein spezieller Hundegurt in Verbindung mit einem Geschirr, mit dem Sie Ihren Weimaraner auf der Rückbank anschnallen oder stabile Trenngitter, die den Schrägheckkofferraum, in dem Ihr Hund sitzt, sicher vom Personenabteil abtrennen.

Für die Beförderung in öffentlichen Verkehrsmitteln ist mancherorts ein Maulkorb vorgeschrieben, auch wenn Ihr Vierbeiner ganz friedlich ist.

Um für den Fellwechsel im Frühjahr und Herbst gerüstet zu sein, benötigen Sie je nach Haarart Ihres Hundes einen **Gumminoppenhandschuh**, einen Furminator® oder eine **Bürste**. Außerdem für Schlechtwettertage **Handtücher** zum Abtrocknen und Säubern.

Schaffen Sie sich zudem eine **Zeckenzange** an, um Ihren wedelnden Freund schnell von den lästigen Plagegeistern befreien zu können.

Zu guter Letzt braucht Ihr vierbeiniger Jungspund natürlich **Spielzeug**.

Bei der Auswahl von Hundespielzeug orientieren Sie sich am besten an folgendem Grundsatz: Alles, was für Kleinkinder ungeeignet ist, kann auch für Hunde gefährlich werden. So sind spitze, scharfkantige und splitternde Gegenstände oder Dinge, in denen Drähte oder Nägel enthalten sind, für unsere Vierbeiner absolut tabu. Ebenfalls verboten sind Äste von giftigen Bäumen oder Sträuchern und lackierte Hölzer. Luftballons stellen eine Gefahr dar, weil sie zerbissen schnell heruntergeschluckt werden und eine Darmverschlingung hervorrufen können. Ihr Weimaraner darf sich nicht an den Spielsachen Ihrer Kinder wie beispielsweise Legobausteinen sowie an Schnüren, Nylonstrümpfen, Windlichtern oder Plastikbechern vergreifen.

Achten Sie auf eine angemessene Ballgröße, damit dieser nicht verschluckt werden kann.

Unproblematisch sind spezielle Hundespielsachen aus Hartholz, Jute, Hartgummi, Stoff und reißfestem Nylon. Kauspielzeug aus natürlichen Materialien, wie Rinder- und Büffelhaut bietet nicht nur eine interessante Beschäftigung, sondern hat gleichzeitig einen gesundheitlichen Nutzen, denn es stärkt und reinigt das Gebiss. Bälle müssen immer so groß sein, dass Ihr sie Hund nicht verschlucken kann. Quietschspielzeug ist nur bedingt geeignet, denn ist Ihr Vierbeiner ein besonders eifriger „Spielzeug-Designer" zerlegt er auch ein Quietschtier schnell und frisst möglicherweise sogar das quietschende Ventil. Zudem sind einige Kynologen der Meinung, dass ein Hund durch das ständige Quietschen die Beißhemmung gegenüber quiekenden Artgenossen verlernt. Bei jagdlich geführten Weimaranern fördern Quietschspielzeuge außerdem die Neigung zum Knautschen. Sie sollten bei Jagdgebrauchshunden also auf jeden Fall vermieden werden. Besser bewährt haben sich Spielsachen aus robustem Hartgummi.

Ein begeisterter Apportierer sollte wegen der Splittergefahr auf Stöckchen aus dem Wald verzichten. Besorgen Sie ihm stattdessen lieber Hartholzspielzeug aus dem Zoofachhandel oder schneiden Sie einen Gartenschlauch in Weimaraner-gerechte Stücke. Als Alternative gibt es Dummys oder Bringsel aus Jute oder Leder, die absolut maulschonend sind. Ein aus bunten Baumwollschnüren zusammengedrehter Knoten ist zwar sehr beliebt, kann jedoch gefährlich werden, wenn der Vierbeiner den Knoten zerlegt und zu viele Schnüre davon verschluckt. Für sprungbegabte Fangkünstler eignen sich Frisbee®-Scheiben aus reißfestem Nylon, die unterwegs schnell zusammengefaltet und Platz sparend in Herrchens oder Frauchens Hosentasche verstaut sind. Jäger können Ihrem Welpen im Garten auch mal ein Stück Sauschwarte oder einen Fuchsbalg zum Spiel anbieten. Achten Sie jedoch darauf, dass der Welpe seine „Beute" nicht frisst, sonst kann sich Ihr Hund später leicht zum Anschneider entwickeln.

Auch ein Fuchsbalg ist für einen Welpen ein tolles Spielzeug.

Welpensicheres Zuhause

Entschärfen Sie schon vor Einzug Ihres Hundes mögliche Gefahrenquellen für ihn in Haus und Garten.

Überprüfen Sie Ihr Zuhause schon vor dem Einzug eines Welpen auf mögliche Gefahrenquellen hin für den kleinen Vierbeiner und beseitigen Sie diese gegebenenfalls. Für den noch unerfahrenen, verspielten Weimaraner, der ständig auf der Suche nach neuen Abenteuern ist, lauern etliche Gefahren in Haus und Garten. Welpen erkunden ihre Umgebung in erster Linie mit der Nase und mit den Zähnen, das heißt: Alles, was der junge Hund aufstöbert, muss beknabbert oder sogar gefressen werden.

Rutschige Steintreppen können für einen tobenden Welpen sehr gefährlich werden. Ein Babygitter schafft Abhilfe.

Besonders gefährlich und gefährdet sind hier Kabel und mobile Mehrfachsteckdosen. Verlegen Sie Kabel daher entweder in Kabelkanälen oder lagern Sie diese höher, solange der Welpe noch in der Flegelphase ist. Versehen Sie Steckdosen am Boden und in Nasenhöhe des vierbeinigen Knirpses vorsichtshalber mit Kindersicherungen. Bewahren Sie ebenfalls außer Reichweite des jungen Weimaraners Putzmittel und Medikamente auf. Erhöhte Vorsicht gilt bei Pflanzen, besonders, wenn sie giftig sind. Stellen Sie auch diese vorübergehend hoch oder quartieren Sie sie an einen anderen Ort um. Ein weiteres großes Gefahrenpotenzial stellen heruntergefallene Kleinteile wie Büroklammern, Stecknadeln oder Geldstücke dar, weil sie der Welpe aus Neugier fressen könnte. Von ganz besonderer Anziehungskraft sind Schuhe. Junghunde spüren häufig mit einer erstaunlichen Zielsicherheit gerade das teuerste Paar auf und zerlegen es. Vielleicht waren Sie aber auch schneller und haben die Schuhe rechtzeitig in Sicherheit gebracht. Hängen Sie

Welpensicheres Zuhause

Vorsicht! In breiten Spalten von Terrassenböden können leicht die Krallen Ihres Hundes stecken bleiben.

auch Jalousie- und Rollobänder vorübergehend höher, denn das Fangen und Zerbeißen der „baumelnden" Schnüre ist ebenfalls sehr beliebt. Besonders interessiert ist der Welpe überall dort, wo es etwas auszuräumen gibt. Sichern Sie daher Möbeltüren oder Schubladen, die Ihr abenteuerlustiger Vierbeiner eventuell andernfalls mit seiner Schnauze oder Pfote öffnet. Ein mit einem Vorhang abgehängtes Regal regt enorm die Neugier eines jungen Hundes an; evakuieren Sie also rechtzeitig empfindliche Gegenstände. Höchst attraktiv sind auch Abfalleimer, deren Inhalt Ihren Weimaraner auf vielfältige Art schädigen kann. Steigen Sie deshalb besser auf Abfalleimer mit fest verschlossenem Deckel um. Nicht zuletzt ist das wilde Toben des kleinen Rackers gefährlich: Ist ein Welpe erst einmal in Fahrt, kennt er kein Halten mehr. Sichern Sie Treppen daher am besten mit einem Babygitter. Natürlich müssen Sie generell alles Zerbrechliche aus dem Weg räumen.

Zusammenfassend gilt Alles, was für Babys oder Kleinkinder in einem Haushalt gefährlich ist, kann auch für einen jungen Hund lebensbedrohlich werden. Richten Sie sich jedoch durch entsprechende Vorkehrungen rechtzeitig darauf ein, wird das Zusammenleben mit Ihrem Weimaraner-Welpen in der heißen (Flegel-)Phase sicherlich stressfreier sein.

Tipps für den Garten

Auch im Garten kann es für einen jungen Hund gefährlich werden. Denken Sie hier an Folgendes:

- ⓘ Damit sich der Welpe nicht unerlaubt auf Wanderschaft begibt, umzäunen Sie Ihr Grundstück.
- ⓘ Sichern Sie einen eventuell vorhandenen Gartenteich.
- ⓘ Flicken Sie rechtzeitig vor Ankunft des Vierbeiners Löcher im bereits vorhandenen Zaun.
- ⓘ Lagern Sie gefährliche Stoffe wie beispielsweise Frostschutzmittel für das Auto am besten in einem verschließbaren Schrank.
- ⓘ Vorsicht mit der Aufbewahrung und Verwendung von Chemikalien im Garten (z. B. Dünger, Schneckenkorn etc.).
- ⓘ Der Komposthaufen sollte für Ihren Hund unzugänglich sein.
- ⓘ Bewahren Sie gefährliche Gartengeräte wie Scheren, Sägen, Rechen und Hacken außerhalb der Reichweite Ihres Hundes auf.
- ⓘ Hängen Sie den Gartenschlauch sicherheitshalber auf.
- ⓘ Vorsicht mit stacheligen Hecken und Büschen. Toben kann hier schnell ins Auge gehen.

Selbst der Gartenteich kann für spielende junge Hunde gefährlich werden.

Haltung

Die ersten Tage daheim

Mit dem Einzug Ihres Weimaraners beginnt für alle Beteiligten zunächst eine neue und aufregende Zeit. Alle Familienmitglieder müssen erst einmal in Ruhe zueinanderfinden.

Ein seriöser Züchter gibt seine Welpen geimpft und entwurmt nicht vor der achten Lebenswoche ab. Am Abgabetag stattet er Sie mit dem Impfpass, der FCI-Ahnentafel, Pflege-, Fütterungstipps und Futter für den Übergang aus. Außerdem sollten Sie auch Einsicht und, wenn gewünscht, eine Kopie des Wurfabnahmeberichtes erhalten. Vergessen Sie zur Abholung Ihres Hundekindes Welpenhalsband und Leine nicht. Wenn Sie berufstätig sind, nehmen Sie sich mindestens in den ersten zwei Wochen nach Einzug des Vierbeiners frei. Dies erleichtert nicht nur die Erziehung zur Stubenreinheit, sondern ist auch für die gesunde, seelische Entwicklung des Hundebabys sehr wichtig.

Lassen Sie sich für die Heimfahrt viel Zeit. Eine längere Autofahrt ist für Ihren Welpen neu und ungewohnt. Manchen Hundekindern wird zunächst einmal übel, einige speicheln daraufhin nur, andere müssen sich übergeben. Legen Sie unterwegs mehrere Pausen ein, in denen sich Ihr kleiner Weimaraner lösen und bewegen kann. Fahren Sie langsam und knallen Sie nicht mit den Autotüren.

Ihr Welpe zieht ein

Lassen Sie Ihrem Welpen nach Ihrer Ankunft zu Hause erst einmal genügend Zeit und Möglichkeit, sein neues Domizil ausgiebig zu erkunden. Auf keinen Fall dürfen alle Familienmitglieder gleichzeitig auf ihn einstürmen. In den ersten Stunden ist Behutsamkeit angebracht, damit der neue Mitbewohner nicht verängstigt wird. Zeigen Sie Ihrem Welpen seinen Schlafkorb. Setzen Sie ihn immer wieder hinein und beschäftigen Sie sich dort eine Weile mit ihm. Verbinden Sie dies schon von Anfang an mit dem Kommando „Körbchen". So merkt er bald, dass der Korb sein Platz ist und lernt schnell, auch auf Befehl dorthin zu gehen. Hat sich die erste Aufregung im neuen Heim für den Kleinen etwas gelegt, bekommt er sein Futter. Ein achtwöchiger Welpe muss drei bis vier Mahlzeiten erhalten. Eine Futterumstellung darf nur langsam erfolgen. Am besten mischen Sie hierfür nach und nach das mitgegebene Futter des Züchters mit Ihrem eventuell neuen Futter. Nach dem Füttern bringen Sie den Welpen sofort nach draußen, damit er sich lösen kann. Genauso verfahren

Bringen Sie Ihren Welpen nach dem Fressen und nach dem Aufwachen sofort ins Freie, damit er sich lösen kann.

Sie nach dem Spielen und wenn Ihr junger Weimaraner nach dem Schlafen aufwacht. Beachten Sie, dass ein Welpe zunächst wie ein Baby noch sehr viel Schlaf braucht, ein Bedürfnis, dem Sie unbedingt Rechnung tragen sollten. Zur Erleichterung der Eingewöhnung nachts stellen Sie das Körbchen am besten in einen hohen Karton an Ihr Bett. Da Ihr Weimaraner-Welpe so sein Lager nicht selbstständig verlassen kann, er es andererseits aber auch nicht beschmutzen möchte, wird er sich rühren, wenn er nachts sein Geschäft erledigen muss. Auf diese Weise erziehen Sie ihn dann gleich zur Stubenreinheit. Ist Ihr Hund sehr unruhig, legen Sie ihm einen Wecker unter sein Kissen. Das Ticken erinnert ihn an den Herzschlag der Mutter und beruhigt ihn.

Welpenhalsband und Leine dürfen Sie bei der Abholung des Kleinen nicht vergessen.

Haltung

Werden Sie ob dieses kleinen, niedlichen und vermeintlich hilflosen Geschöpfes nicht schwach und lassen den Welpen ins Bett. Damit tun Sie sich und dem Hund keinen Gefallen. Dies wäre bereits der erste Schritt für den kleinen Neuankömmling in der Rangordnung mit Ihnen zu konkurrieren. Streicheln Sie Ihren, in seinem Körbchen liegenden Vierbeiner lieber von Ihrem Bett aus in den Schlaf. Die zärtliche Berührung mit Ihrer Hand gibt ihm all die Geborgenheit und das Vertrauen, das er braucht, um als Hundebaby einem neuen aufregenden Tag entgegen zu schlafen.

Tierheimhunde brauchen Zeit

Ein Secondhand-Hund benötigt besonders viel Zeit zur Eingewöhnung. Um ein besseres Bild von seiner Persönlichkeit zu bekommen, beobachten Sie den Neuankömmling ganz genau. Rasch finden Sie heraus, ob Sie nun ein extremes Sensibelchen oder eher ein forsches Raubein im Haus haben. Lassen Sie Ihrem Neuzugang nichts durchgehen, was er auch später nicht tun darf. Ein ehemaliger Tierheimhund wird in einer neuen Familie zunächst mit Reizen überflutet, die er erst einmal in Ruhe verarbeiten muss. Trotzdem ist es wichtig, Ihren Weimaraner von Anfang an so natürlich wie möglich an Ihrem normalen Tagesablauf teilhaben zu lassen. Führen Sie sofort feste Fütterungs-, Spiel- und Spaziergehzeiten ein, damit Ihr vierbeiniger Kamerad bald seinen festen Rhythmus kennt. Nehmen Sie Ihren neuen Begleiter mit auf Ausflüge oder zu Freunden und führen Sie einen späteren Jagdbegleiter langsam an die Arbeit im Revier heran. Hat sich die erste Aufregung gelegt, wird Ihr Hund auch Sie ganz genau beobachten. Einem Weimaraner entgeht nichts. Er durchschaut schnell, wer in der Familie das Sagen hat und wer nicht und wo es Schwachstellen in der familieninternen Rangordnung gibt. Daher ist es besonders wichtig, klare Regeln vorzugeben, die der Vierbeiner strikt einhalten muss. Ihr Weimaraner ist rasch ausgeglichen und glücklich, wenn er sofort einen eindeutigen Platz in der neuen Lebensgemeinschaft einnimmt, mit einem Mensch an der Spitze, an dem er sich orientieren kann.

Die ersten Ausflüge

Auf Ihren ersten Spaziergängen sehen Sie, wie sich Ihr wedelnder Neuzugang Artgenossen gegenüber verhält. Auch für einen erwachsenen Weimaraner ist der regelmäßige Kontakt zu anderen Hunden nötig. Laden Sie Freunde mit Ihren Vierbeinern zu sich nach Hause ein: Da Ihr Hund anfangs noch kein Revierbewusstsein hat, wird er alles akzeptieren, was er in seinem neuen Heim vorfindet. Nutzen Sie diese Tatsache aus und machen Sie Ihren Weimaraner möglichst bald mit eventuellen anderen Haustieren bekannt. Auch wenn Ihr neuer Kamerad in seiner Prägephase eine gute Sozialisierung erfahren hat, ist der Besuch einer Hundeschule empfehlenswert. Ein Secondhand-Hund kann hier zusammen mit seinem Halter noch sehr viel lernen. Erzie-

Führen Sie einen Jagdgebrauchshund aus zweiter Hand behutsam an die Arbeit im Revier heran.

Die ersten Tage daheim

hungstechnisch brauchen Sie bei einem erwachsenen Hund meist nicht ganz bei Null anzufangen, sondern können auf die bereits vorhandenen Grundlagen aufbauen. Wichtig ist, dass Ihr Weimaraner nun Sie als neuen Hundeführer und somit Kommandogeber akzeptiert. Zeigen Sie daher unbedingt Konsequenz und Einfühlungsvermögen und bauen Sie behutsam eine vertrauensvolle Bindung zu Ihrem neuen Hausbewohner auf. Außerdem muss es Ihrem Weimaraner Spaß machen, Ihnen zu gehorchen, die richtige Motivation ist also das A und O einer erfolgreichen, partnerschaftlichen Erziehung.

Tipp für Secondhand-Hundebesitzer

Eine kompetente, jagdhundeerfahrene Hundeschule kann sehr hilfreich sein, um herauszufinden, welche Talente und Vorlieben, aber auch Macken Ihr Weimaraner hat. In jagdnahen Übungen wird hier jeder Vierbeiner seinen Neigungen entsprechend gefordert. Auch der bis dato erreichte, eventuell aber unbekannte Ausbildungsstand des Vierbeiners wird auf diese Weise offensichtlich und kann somit in Zukunft weiter vertieft werden.

Wie Ihr Weimaraner auf andere Tiere reagiert, können Sie bei Ihren ersten gemeinsamen Spaziergängen schnell herausfinden.

Sozialisierung

Wurde ein Welpe nicht richtig sozialisiert, kann sich dies auf sein ganzes Leben negativ auswirken.

Damit ein Hund einen stressfreien Alltag mit einem sozialverträglichen Verhalten gegenüber Mensch und Tier leben kann, muss schon der Welpe mit möglichst vielen Umweltreizen vertraut gemacht werden. Die wichtigste Zeitspanne für die Sozialisierung liegt zwischen der dritten und etwa der 16. Lebenswoche. Für die erste Phase ist also der Züchter verantwortlich: Dort soll der Welpe nicht nur durch den Umgang mit seiner Mutter und den Wurfgeschwistern hündisches Verhalten lernen, sondern auch möglichst viele positive Erfahrungen mit verschiedenen Menschen, einschließlich Kindern sind für die weitere Entwicklung des kleinen Vierbeiners wichtig. Deshalb sind bei einem verantwortungsvollen Züchter ab der vierten Woche Besucher willkommen, selbstverständlich wohldosiert, um die Welpen nicht zu überfordern. Durch eine abwechslungsreiche Umgebung, wie beispielsweise einem interessanten, kleinen Abenteuerspielplatz im Welpenauslauf, wird das Hundekind bereits mit diversen Umweltreizen vertraut gemacht. Kurze Ausflüge sind dagegen erst erlaubt, wenn der Welpe komplett geimpft ist (ab der achten Lebenswoche). Hundekinder, die bis zu ihrer Abholung (und auch danach) völlig abgeschottet von ihrer Umwelt leben, tragen in der Regel irreparable Schäden davon, die sie an einer normalen Entwicklung hindern. Solche Hunde bleiben häufig ihr Leben lang unglückliche Sorgenkinder, die sich ständig als unsichere Angsthasen oder auch Beißer gebärden. Zudem zieht dies auch negative gesundheitliche Auswirkungen nach sich. An das Autofahren sowie an jagdliche

Sozialisierung

Alltäglichkeiten wie beispielsweise Sauschwarten, Rehläufe, tote Füchse, Hasen und Federwild sollte der Züchter die Welpen ebenfalls schrittweise gewöhnen.

Nach der Abholung Ihres Weimaraners vom Züchter liegt die weitere Entwicklung des Welpen in Ihrer Hand. Machen Sie ihn zu Hause mit möglichst vielen Situationen bekannt: Sperren Sie ihn beispielsweise nicht weg, wenn Sie staubsaugen oder wenn Besuch kommt. Dies bedeutet natürlich nicht, dass Sie sofort nach der Ankunft des Vierbeiners den Staubsauger schwingen oder gar eine große Party feiern sollen. Vielmehr macht's die richtige Dosierung, damit Ihr junger Weimaraner langsam, aber sicher alle Geräusche und Abläufe um ihn herum als völlig normal ansieht. Leben noch andere Tiere bei Ihnen, gewöhnen Sie alle Vierbeiner ganz behutsam aneinander. Auf Stadtausflüge wird Ihr Welpe optimal vorbereitet, wenn Sie Großstadtgeräusche zunächst von einem Band abspielen. Am günstigsten ist dies während der Fütterung, denn dann verknüpft Ihr kleiner Weimaraner die ungewohnten Geräusche gleich mit etwas

Die erste Phase der Sozialisierung findet bereits beim Züchter statt. Eine frühe Gewöhnung an Wild gehört dazu.

Positivem. Steigern Sie die Lautstärke allerdings erst allmählich. Gewöhnen Sie Ihren jungen Vierbeiner ebenfalls frühzeitig an die Mitnahme und das gesittete Verhalten im Auto und in öffentlichen Verkehrsmitteln.

Durch neue Eindrücke lernen

Während Ihrer Spaziergänge lassen Sie den Welpen in Ruhe seine Umgebung erkunden. Streuen Sie zwischendurch kleine Spielchen ein, die all seine Sinne und vor allem auch das Interesse an Ihnen wecken. Auf diese spielerische Art merkt Ihr Weimaraner schnell, dass es sich lohnt, Ihnen zu folgen. Wechseln Sie öfter mal die Wege und provozieren Sie Begegnungen mit Artgenossen, anderen Tieren und Menschen. Beginnen Sie hier bereits spielerisch die Erziehung, indem Sie Ihrem Weimaraner beispielsweise durch Ablenkung mit einem verlockenden Spielzeug oder besonderen Leckerbissen schon beibringen, fremde Menschen nicht anzuspringen. Respektieren Sie auch, wenn ein anderer Hundebesitzer von einem Zusammentreffen mit Ihnen Abstand nimmt. Nehmen Sie Ihren Welpen dann lieber

Auch das Kennenlernen von Wasser sollte frühzeitig geschehen.

Haltung

Selbst Autofahren will gelernt sein. Im Beisein geübter erwachsener Hunde gelingt dies leichter.

Welpenspielstunde in einer guten Hundeschule. Hier lernt der junge Vierbeiner zusammen mit gleichaltrigen Artgenossen, wie er sich hündisch korrekt verhält. Außerdem wird er dort mit unterschiedlichen Geräuschen und Gegenständen wie zum Beispiel einem aufgespannten Regenschirm oder flatternden Folien vertraut gemacht. Gehen Sie allerdings erst mit Ihrem Welpen auf den Hundeplatz, wenn er geimpft und somit gegen diverse Infektionskrankheiten grundimmunisiert ist.

Um eine gute Verträglichkeit mit Artgenossen zu fördern, empfiehlt sich zudem häufiger Hundebesuch bei Ihnen daheim. Da Ihr Weimaraner dann nicht mehr als vierbeiniger Alleinherrscher im Mittelpunkt steht, kann dies sogar „Einzelkindallüren" entgegenwirken.

an die kurze Leine und gehen Sie ohne direkten Kontakt am anderen Vierbeiner vorbei, schließlich muss Ihr Weimaraner auch lernen, sich in solchen Situationen manierlich zu verhalten. Das Kennenlernen verschiedener Bodenuntergründe und von Wasser fällt ebenso in die wichtige Sozialisierungsphase. Unbedingt empfehlenswert ist der Besuch einer

So finden Sie die passende Hundeschule

Hundeschulen und Tiertrainer gibt es inzwischen an vielen Orten. Welche Möglichkeiten Sie in Ihrer Region haben, wissen in der Regel Tierärzte, örtliche Tierheime oder andere Hundehalter. Auch überregionale Verbände

---

- ⓘ *Ist der Trainer schon am Telefon bereit, ausführlich Fragen zu beantworten und fragt er Sie auch viel über Sie und Ihren Hund?*

- ⓘ *Nach welcher Methode wird trainiert?*

- ⓘ *Kann der Trainer eine fundierte Ausbildung nachweisen?*

- ⓘ *Gibt es ein (eingezäuntes!) Trainingsgelände, auf dem die Hunde in Trainingspausen auch mal miteinander spielen dürfen?*

- ⓘ *Wie groß sind die Trainingsgruppen? Zu große Gruppen lassen kaum noch Spielraum für die genaue Beobachtung und Beratung eines jeden Einzelnen.*

- ⓘ *Gibt es auch Einzelstunden für individuelle Probleme?*

- ⓘ *Stehen die Kosten in einem vernünftigen Verhältnis zum Angebot?*

- ⓘ *Sind ein anfängliches Zusehen sowie ein Probetraining möglich?*

- ⓘ *Stimmt die Chemie zwischen Ihrem Vierbeiner und dem Trainer sowie zwischen Ihnen und dem Trainer?*

- ⓘ *Freut sich Ihr Vierbeiner, wenn es auf den Hundeplatz geht und hat er Spaß am Training?*

- ⓘ *Macht Ihr Hund langfristig Fortschritte?*

Gerade für junge Vierbeiner müssen in einer Hundeschule immer auch Tobephasen vorgesehen sein.

Ein junger Weimaraner kann von einem erwachsenen Hund viel lernen.

und Organisationen sind kompetente Ansprechpartner. Haben Sie nun eine konkrete Hundeschule im Auge, prüfen Sie das Angebot anhand der Fragen im Kasten genau. Merken Sie, dass Sie mit dem Trainer oder der angebotenen Methode nicht zurechtkommen, wechseln Sie die Hundeschule. Handeln Sie immer im Interesse Ihres Hundes. Nur ein Weimaraner, der Spaß an der Sache hat, lernt gerne und leicht. Auch Sie können in einer kompetenten und sympathischen Hundeschule nette Freundschaften und Kontakte mit Gleichgesinnten knüpfen und einen wichtigen Erfahrungsaustausch pflegen.

Tipps für die jagdliche Prägung

- Führen Sie die jagdliche Prägung, die bereits beim Züchter begonnen hat, unbedingt fort, indem Sie Ihren Weimaraner gleich an Ihren Jagderfolgen teilhaben lassen.
- Nehmen Sie Ihren Welpen von Anfang an für kürzere Gänge mit ins Revier.
- Zeigen Sie ihm Anschüsse bzw. Schweißfährten und bestärken Sie Ihren kleinen Weimaraner sofort darin, wenn er sich in-

Die Hundepfeife ist gerade auf weite Distanz hin eine wertvolle Hilfe.

Haltung

Der Einsatz der Reizangel bereitet den jungen Weimaraner auf lebendes Wild vor.

teressiert gibt. Einige, vom Hund unbemerkt in den Schweiß gelegte Leckerlis können das Interesse Ihres Vierbeiners noch vergrößern. Somit lernt er bereits spielerisch den Geruch des Schweißes aufzunehmen.

- Um die Nasenleistung Ihres Weimaraners zu schulen, empfiehlt es sich, kurze Fährten mit Leckerlis zu legen oder eine Schleppe mit einem stark duftenden Pansen, anderen Wildinnereien oder einer Sauschwarte zu ziehen. Motivieren Sie Ihren Jungspund auch hier stets mit viel Lob und am Ende mit einem besonders guten Leckerbissen.
- Gewöhnen Sie Ihren Welpen frühzeitig an diverse Pfiffe auf der Hundepfeife, indem sie diese sofort einsetzen, wenn der Vierbeiner zunächst eher zufällig kommt oder andere gewünschte Handlungen zeigt.
- Sehr bewährt hat sich der Einsatz einer Reizangel. Befestigen Sie an einem ca. 2 m langen biegsamen Stock beispielsweise eine Federwildschwinge, lassen Sie Ihren Weimaraner daran schnuppern und ziehen Sie die „Beute" dann in zackigen Bewegungen vom Hund weg über den Rasen und dann auch wieder zu ihm hin. Ist erst einmal die Aufmerksamkeit Ihres Vierbeiner geweckt, packt ihn das Jagdfieber, er wird hinterherrennen, die „Beute" schnappen, schütteln und sich darin verbeißen. Ziehen Sie den Welpen nun samt der Schwinge zu sich her und nehmen Sie ihm gegen Belohnung die Beute ab. So begreift der Kleine schnell, dass es sich lohnt, seine Beute stets dem Hundeführer zu bringen. Auch das Vorstehen kann hervorragend an der Reizangel geübt werden.
- Loben Sie Ihren Welpen ausgiebig, sobald er Dinge aufnimmt und Ihnen bringt. Werfen Sie ihm Spielzeug, das er gerne als Beute in den Fang nimmt und lassen Sie sich dieses unter Zuhilfenahme eines ver-

Sozialisierung

lockenden Leckerlis bringen. Auf diese Weise fördern Sie bereits die Anlage zum Apportieren. Verwenden Sie dabei nie das Kommando Apport. Apportieren sollte dem Hund erst beigebracht werden, wenn mit etwa sechs Monaten der Zahnwechsel abgeschlossen ist. Wichtig ist es dann, zunächst ohne Wild und nur mit geeigneten Apportiergegenständen zu arbeiten.
- Führen Sie Ihren Welpen an die Arbeit im Wasser heran, indem Sie ihm zunächst in den flachen Bereich und später in tieferes Gewässer ein Spielzeug hineinwerfen oder mit der Reizangel arbeiten. Auch ein anderer wasserfreudiger Hund kann die Neugier des Welpen am nassen Element entfachen.
- Den Grundstein zur Schussfestigkeit hat möglicherweise bereits Ihr Weimaraner-Züchter gelegt, denn schon bei ihm können die Welpen mit einem etwas weiter entfernten Schuss vertraut gemacht werden. Sie erkennen bald am souveränen Verhalten der Mutter, dass hiervon keine Gefahr ausgeht. Grundsätzlich hat es sich bewährt, den Jungspund im Beisein eines gelassenen, völlig schussfesten älteren Hundes oder im Spiel an die allmählich gesteigerte Lautstärke zu gewöhnen. Wird nebenbei die tägliche Fütterung durchgeführt, kann dies als positive Verstärkung

Bei entsprechender Förderung zeigt bereits der Junghund zuverlässiges Apportieren.

wirken, denn der Hund verbindet den Schuss gleich mit etwas sehr Angenehmem.
- Die vielen neuen Eindrücke im Jagdrevier ermüden einen jungen Weimaraner anfangs noch sehr schnell. Gönnen Sie Ihrem Welpen dann unbedingt eine Pause. Der junge Hund braucht den Schlaf, um die gelernten Eindrücke verarbeiten zu können.

EXTRA

Welpenspielplatz zu Hause

Leicht können Sie Ihrem Welpen zu Hause mit einfachen und ganz alltäglichen Dingen einen Abenteuerspielplatz kreieren. Führen Sie Ihr Hundekind an alle Stationen langsam heran und zeigen Sie ihm alles ganz behutsam. Loben Sie Ihren Welpen ausgiebig, wenn er mutig die neue Umgebung erkundet. Haben Sie Geduld mit Angsthasen, aber kein Mitleid. Dieses menschliche Gefühl würde ihn in seiner Angst nur noch bestärken. Loben Sie Ihren Welpen aber für jeden kleinen Schritt mit Leckerli und freundlicher, beruhigender Stimme.

Zaghafte Welpen werden für jeden mutigen Schritt in die richtige Richtung belohnt.

- Stellen Sie einen großen, offenen Karton auf, den Ihr Vierbeiner nach Herzenslust erkunden und anschließend auch zerlegen darf.
- Hängen Sie alte, bunte Stofffetzen an eine Wäscheleine: Hier lernt der Kleine, sich nicht von flatternden Dingen aus der Ruhe bringen zu lassen. Eine Stufe schwieriger wird's mit Folienresten, denn diese rascheln auch noch.
- Legen Sie eine Leiter auf den Boden und führen Sie Ihren jungen Weimaraner langsam darüber; hier ist Koordination gefragt, denn er lernt, seine Pfoten genau in die Leerräume zwischen den Sprossen zu setzen. Achten Sie darauf, dass der Welpe über die Sprossen schreitet und nicht springt. Wissenschaftliche Untersuchungen belegen, dass dies eine ausgeprägtere Verzweigung der Nervenbahnen im Gehirn zur Folge hat.
- Stellen Sie eine Hundetransportbox mit geöffneter Tür auf und verteilen Sie in der Box Leckerli. So wird der Welpe schon spielerisch mit der Box vertraut gemacht, verknüpft sie mit etwas Positivem (Futter) und empfindet später die Reise darin als etwas ganz Normales. Achten Sie darauf, dass Sie dem Welpen von Anfang an ein Kommando zum Herauskommen geben. Sagen Sie dieses, bevor er die Kiste von selbst verlassen möchte. Das Herauskommen auf Kommando belohnen Sie mit Futter. Eine Alternativmethode zur Gewöhnung an die Transportbox ist, gleich das tägliche Futter darin zu füttern, natürlich bei geöffneter Tür.
- Legen Sie eine große Malerfolie auf dem Boden aus: Dies ist ein unbekannter, raschelnder und glatter Untergrund, den es zu betreten gilt; streuen Sie für Zaghafte Leckerli auf der Folie aus.
- Selbst ein Zelt ist ein interessantes Erkundungsobjekt, das sowohl durch die Über-

Ein Knochen wird nie langweilig. Er garantiert schon für die Kleinen stundenlange Beschäftigung.

dachung als auch durch den Zeltboden neu und aufregend ist.
- Stellen Sie zum genauen Erforschen einen aufgespannten Sonnenschirm auf den Boden, legen Sie als Lockmittel Leckerli darunter aus.
- Legen Sie einen Eimer auf den Boden, den Ihr Hundekind ausgiebig erkunden darf.
- Lassen Sie zunächst in großer (!) Entfernung vom Welpen eine aufgeblasene Butterbrottüte platzen, sodass er den Knall erst nur sehr gedämpft hört; zusätzlich kann er währenddessen von einer zweiten Person mit Futter abgelenkt werden. Erhöhen Sie ganz langsam die Intensität des Geräusches. Auf diese Weise lernt ein Welpe Silvesterknallerei und Donnergrollen zu trotzen. Selbstverständlich funktioniert diese Übung auch wieder über eine aufgenommene Kassette oder CD. Beginnen Sie jedoch wie immer erst ganz leise und steigern Sie die Lautstärke langsam.

Bitte beachten Sie Auf keinen Fall ersetzt dieser Spielplatz daheim das Welpenspielen mit Artgenossen auf einem Hundeplatz. Er stellt lediglich eine gute Ergänzung dar, die Ihren Vierbeiner anderen Alltagssituationen gegenüber selbstbewusster und gelassener werden lässt.

Das Spiel mit Artgenossen kann der Spielplatz daheim nicht ersetzen.

Beginnen Sie sofort spielerisch mit der Erziehung Ihres Welpen, denn bis zur 18. Lebenswoche ist er am aufnahmefähigsten.

Erste Erziehungsschritte

Gerade Ersthalter lassen sich häufig vom süßen Blick und putzigen Verhalten ihres neuen Familienmitglieds einwickeln und verschieben die Erziehung des kleinen Rackers zunächst einmal auf unbestimmte Zeit. Machen Sie diesen Fehler nicht. Am aufnahmefähigsten ist ein Welpe bis zur 18. Lebenswoche, nützen Sie also diese Zeit und fangen Sie sofort mit einer spielerischen Erziehung an. Ganz entscheidend für die Lernbereitschaft und damit auch die Lernfähigkeit ist das Lernklima. Stress und Angst sind Gift für ein erfolgreiches Lernen. Sicherlich können Sie das aus eigener Erfahrung gut nachvollziehen. Verschaffen Sie Ihrem Hund daher eine ruhige, angenehme und entspannte Atmosphäre, in der er, verstärkt durch die richtige Motiva-

Wie lernt ein Welpe?

ⓘ Welpen sind ganz genaue Beobachter und lernen somit rasch, wovor Sie Angst haben, wen Sie mögen und wen nicht; auch die familieninterne Rangordnung durchschauen sie schnell.

ⓘ Welpen sind Praktiker: Vieles lernen sie durch Erfahrung, wie schlechte oder gute Erlebnisse, Bestrafung und Lob.

ⓘ Das genaue Lernverhalten eines Welpen ist abhängig von seinem individuellen Charakter, seiner Intelligenz und seinen speziellen, angeborenen Neigungen.

Erste Erziehungsschritte

Ihr Welpe beobachtet Sie ganz genau und lernt auch über Ihr Verhalten.

Loben Sie auch noch den Junghund für jedes Lösen im Freien.

tion, Spaß am Lernen hat. Bitte beachten Sie auch, dass es keine Universal-Erziehungsmethode gibt, denn jeder Hund ist anders. Richten Sie das Training ganz individuell nach dem Charakter und dem Verhalten Ihres Vierbeiners aus. Hier lesen Sie Beispiele für Übungsmöglichkeiten. Darüber hinaus gibt es viele weitere Wege, die zum Ziel führen. Wichtig ist, individuell den richtigen für Ihren Hund zu finden, damit er stets mit Spaß bei der Sache ist.

Aufgepasst! Schnuppert Ihr Welpe am Boden, kann gleich ein Pfützchen folgen. Dies gilt auch im Haus!

Stubenreinheit

Ein Welpe braucht wie ein Menschenbaby zunächst ein gewisses Bewusstsein dafür, wo er sich lösen darf und wo nicht. Bei der Erziehung zur Stubenreinheit ist viel Behutsamkeit angebracht. Überfordern Sie Ihren kleinen Weimaraner nicht. Bringen Sie ihn nach jeder Mahlzeit, nach jeder Spielphase und gleich nach dem Aufwachen zum Lösen ins Freie, vorzugsweise immer an den gleichen Platz. Beobachten Sie Ihr Hundekind ganz genau: Selbst, wenn er beispielsweise breitbeinig am Boden schnüffelt, ist schnelles Handeln angebracht, denn postwendend kann ein Pfützchen folgen. Verrichtet der Kleine draußen sein Geschäft, loben Sie ihn unbedingt überschwänglich.

Als anfängliches Welpenlager nachts empfiehlt sich ein hoher Pappkarton oder eine Transportbox in Ihrem Schlafzimmer, aus der Ihr Vierbeiner nicht selbstständig herauskommt. Weil er sein eigenes Lager nicht beschmutzen möchte, wird er unruhig und fängt an zu winseln, wenn er muss. Tragen Sie ihn dann schnell hinaus. Entdecken Sie ein Pfützchen im Haus, entfernen Sie es stillschweigend und gründlich, damit Ihr Welpe nicht wieder von seinem eigenen Geruch angezo-

Haltung

gen, an derselben Stelle uriniert. Ertappen Sie ihn gerade beim Lösen, heben Sie ihn mit einem bestimmten „Nein" hoch und bringen Sie ihn ins Freie. Fährt er dort mit seinem Geschäft fort, loben Sie ihn wieder ausgiebig. Stupsen Sie nie die Hundenase in die Hinterlassenschaften des Welpen, denn dies hat keinerlei Lerneffekt – ein Welpe kann Verknüpfungen nur bis zu einer Viertel Sekunde herstellen –, ist Tierquälerei und somit als Strafe völlig ungeeignet. Es führt nur zu einem Vertrauensbruch zwischen Ihnen und Ihrem Weimaraner.

Lassen Sie Ihr Hundekind anfangs vorsichtshalber alle ein bis zwei Stunden nach draußen. Je aufmerksamer Sie Ihren Welpen beobachten (Geht er zur Tür? Winselt er?), und je schneller Sie dann reagieren, umso rascher wird Ihr Weimaraner stubenrein.

Gelernt ist gelernt: Leinenführigkeit in Perfektion ...

Leinenführigkeit

Ein ordentliches Gehen an der Leine können Sie Ihrem Welpen mit ein paar Tricks schnell beibringen. Bleiben Sie dabei dauerhaft konsequent, gewöhnt sich Ihr Weimaraner auch später kein übermäßiges Ziehen an. Machen Sie Ihr Hundekind zunächst einmal spielerisch mit seiner Leine vertraut; lassen Sie den Welpen ausgiebig daran schnuppern und zeigen Sie ihm, dass hiervon absolut keine Gefahr für ihn ausgeht. Dann leinen Sie Ihren Vierbeiner an und locken ihn mit einem Leckerli oder seinem Lieblingsspielzeug, sodass er ein paar Schritte an der Leine geht. Loben und belohnen Sie ihn ausgiebig, wenn er die Leine vergisst und Ihnen folgt. Geben Sie nicht nach, wenn er sich stur stellt, sich hinsetzt oder fallen lässt.

Setzen Sie sich unbedingt spielerisch durch, denn einige Vierbeiner testen bei dieser Übung bereits, wie weit sie mit ihrem Sturköpfchen gehen können. Versuchen Sie Ihren Welpen in einem solchen Fall abzulenken, machen Sie sich interessant und locken Sie ihn zu sich. Eine weitere Möglichkeit besteht darin, die Leine fallen zu lassen, weiterzugehen und den Namen des Welpen zu rufen. Da der Kleine nicht alleingelassen werden möchte, wird er Ihnen automatisch folgen. Nun loben Sie ihn überschwänglich und geben Sie ihm ein Leckerchen oder sein Lieblingsspielzug. Diese

Vor dem Training für eine ordentliche Leinenführigkeit steht erst mal die Gewöhnung an Halsband und Leine.

Übung sollten Sie natürlich nicht an einer Straße durchführen. Die richtige Motivation spielt für den jungen Hund stets eine entscheidende Rolle. Jeder Schritt in die richtige Richtung wird ausgiebig gelobt.

Akzeptiert Ihr Weimaraner die Leine, geht es daran, ihn gar nicht erst zum Ziehen zu verleiten. Sobald Ihr Hund an Ihnen vorbeilaufen möchte, rufen Sie ihn zu sich und klopfen Sie sich dabei gleichzeitig aufmunternd ans Bein. Warten Sie nicht bis sich die Leine spannt, sondern machen Sie Ihren Hund schon vorher auf Sie aufmerksam, indem Sie ein Leckerli oder das Lieblingsspielzeug Ihres Vierbeiners in der Hand halten. Reden Sie immer wieder mit Ihrem Weimaraner und motivieren Sie ihn mit Spaß, an lockerer Leine bei Ihnen zu bleiben. Loben Sie ausgiebig, wenn Ihr kleiner Schüler zu Ihnen kommt und auch bei Ihnen bleibt. Die täglichen Spaziergänge werden für Sie beide interessanter, wenn Sie öfter neue Wege gehen.

Verzögerungstaktik bei Leinenzug

Eine weitere Möglichkeit eine gute Leinenführigkeit zu erreichen, ist, stehen zu bleiben, sobald sich die Leine spannt. Reden Sie nicht mit Ihrem Hund und ziehen Sie auch selbst nicht an der Leine, sondern warten Sie einfach ab. Stoppt der Spaziergang, wird sich Ihr haariger Begleiter schnell umdrehen, um zu sehen, warum es eine Verzögerung gibt. In diesem Moment lockert sich die Leine. Setzen Sie Ihren Gang in die genau entgegengesetzte Richtung fort. Diese Übung verlangt viel Ruhe und Geduld. Zunächst sind etliche Wiederholungen nötig, doch bald hat Ihr Weimaraner verstanden, dass auf ein Ziehen an der Leine ein sofortiger Stillstand und anschließender Richtungswechsel erfolgt, kein Leinenzug jedoch Spaß bringt.

Um übermäßiges Ziehen an der Leine einzudämmen, ist ein Leinenruck oder -zug Ihrerseits nicht empfehlenswert: Dies kann die empfindliche Halswirbelsäule und den Kehlkopf massiv verletzen. Außerdem zeigen Sie dem Hund genau *das* Verhalten, welches Sie ihm eigentlich abgewöhnen wollen. Ziehen Sie auch dann nicht an der Leine, wenn Ihr Vierbeiner längere Zeit schnüffelt und nicht weitergehen will. Motivieren Sie ihn lieber mit aufmunternden Worten, einer Spielaufforderung oder einem besonderen Leckerbissen, Ihnen zu folgen. Das Weitergehen können Sie sogar üben, indem Sie immer das gleiche Kommando wie beispielsweise „Weiter" sowie eine auffordernde Handbewegung verwenden. Am schnellsten lernt Ihr Hund diese Übung unangeleint auf einer Wiese. Weil sich Hunde sehr an Ihrer Körpersprache orientieren, ist es wichtig, dass Sie nach der gesprochenen Aufforderung „Weiter" auch wirklich weitergehen

Leinenzug gegen Leinenzug verschlimmert das Problem des Ziehens nur noch.

Haltung

Ständiges, strenges Bei-Fuß-Gehen ist nicht hundegerecht. Lassen Sie Ihren Weimaraner auch möglichst oft ohne Leine toben.

und nicht stehen bleiben. Folgt Ihnen Ihr Weimaraner, loben Sie ihn sofort wieder kräftig und geben Sie ihm ein Leckerli oder spielen Sie zur Belohnung mit ihm.

Alleinbleiben

Braves Alleinbleiben will gelernt sein und zwar von klein auf, schließlich kann man einen Hund nicht immer und überall hin mitneh-

Nicht immer können Sie Ihren Weimaraner mitnehmen. Für solche Fälle muss er lernen, zu Hause auch mal ein paar Stunden allein zu bleiben.

men. Sollten Sie allerdings länger als vier bis fünf Stunden weg sein, bringen Sie Ihren Weimaraner lieber zu einem netten Hundesitter als ihn zu lang daheim einzusperren. Lassen Sie Ihren Hund zunächst nur kurz allein und zwar erst, wenn er sich in Ihrer Umgebung ganz sicher und geborgen fühlt. Verlassen Sie das Zimmer anfangs höchstens für ein paar Minuten, wenn er schläft oder mit einem Kauröllchen beschäftigt ist. Liegt Ihr Welpe bei Ihrer Rückkehr noch brav auf seinem Platz, loben Sie ihn, ansonsten ignorieren Sie ihn. Sobald er zuverlässig kurzzeitig entspannt wartet, vergrößern Sie langsam die Zeitspanne und gehen Sie schließlich ganz aus dem Haus. Machen Sie kein Drama aus Ihrem Weggang und verabschieden Sie sich nicht. Je mehr Aufhebens Sie um Ihren Aufbruch und Ihre Rückkehr machen, umso eher erziehen Sie Ihren Vierbeiner zu späterer Trennungsangst. Trotz aller Übung gibt es immer wieder „Härtefälle", die sich sehr schwer mit dem gesitteten Alleinbleiben tun. Solchen Hunden können Sie die Zeit des Wartens mit einem kleinen Animationsprogramm versüßen.

Langeweile muss nicht sein
Damit Ihr Hund Ihre Gardinen, Möbel oder andere Einrichtungsgegenstände verschont, geben Sie ihm Pappschachteln oder leere Allzweckrollen, um seinen Frust abzureagieren. Ebenfalls hilfreich gegen Langeweile ist ein mit Leckerli oder Rinderhack gefüllter Kong® aus dem Zoofachhandel.
Auch kleinere, stabile Kartons mit Deckel garantieren eine abwechslungsreiche Beschäftigung. Verstecken Sie darin in Zeitung gewickelte Leckerlis. Während Supernasen die Knabbereien sofort erschnuppern und eifrig „auspacken", können Sie für weniger Geübte einige „Duftlöcher" in den Deckel stechen.
Versteckt Ihr Hund gerne Leckereien, hat es sich bewährt, ihm Plätze in der Wohnung

Erste Erziehungsschritte

dafür einzurichten, an denen er nach Herzenslust „graben" darf. Hierfür verteilen Sie beispielsweise ausgediente Handtücher oder Decken an verschiedenen Stellen eines Raumes. Dies schützt Sie auch davor, einen feucht-klebrigen Kauknochen oder Ähnliches abends in Ihrem Bett zu finden.

Kurzweiliger wird das Warten ebenfalls mit einem Futterball aus dem Zoofachhandel, der nur ab und zu, bei bestimmten Bewegungen, über verschieden große Öffnungen Leckerlis frei gibt. Hier muss der Hund Geduld und Geschicklichkeit beweisen, wodurch er von anderem Schabernack abgelenkt wird.

Läuft während Ihrer Abwesenheit das Radio, fühlt sich Ihr Weimaraner nicht so einsam.

Da geteiltes Leid bekanntlich halbes Leid ist, hilft in manchen Fällen auch ein Zweithund oder die vorübergehende Vergesellschaftung mit einem brav allein bleibenden, befreundeten „Leihhund" beispielsweise aus der Nachbarschaft, von dem sich Ihr Weimaraner abschauen kann, dass solch eine Situation nicht beängstigend ist. Immerhin kommen Herrchen oder Frauchen ja stets wieder. Dies hat schon so manchen Quälgeist zur Vernunft gebracht, sodass er inzwischen sogar alleine und, ohne außerplanmäßige Dummheiten zu machen, auf die Heimkehr seines Menschen wartet.

Ein kurzweiliges Animationsprogramm mit diversen Spielsachen kann Ihrem Hund das Warten versüßen.

Hat Ihr Vierbeiner während Ihrer Abwesenheit etwas angestellt, schimpfen Sie ihn nicht. Dafür müssten Sie ihn wirklich auf frischer Tat ertappen, ansonsten bringt er die Bestrafung nur mit Ihrer Rückkehr, nicht aber mit seinem Vergehen in Zusammenhang. Ignorieren Sie Ihren Hund lieber, bis alle Spuren beseitigt sind.

Abgewöhnen von Jugendsünden

Ab etwa dem achten Lebensmonat beginnt die Flegelphase eines Junghundes. In diese Zeit fällt auch die Geschlechtsreife des Vierbeiners. Nun testet Ihr Weimaraner vermehrt aus, wie weit er gehen kann und ob er Ihnen wirklich gehorchen muss oder nicht. Außerdem stellt

Vielen Hunden fällt das Warten im Auto leichter als in der leeren Wohnung.

Durfte sich Ihr Weimaraner vor Ihrem Weggang noch einmal so richtig austoben, ist er anschließend müde und bleibt dadurch auch besser alleine.

61

Haltung

Junghunde haben noch allerhand Flausen im Kopf und sind stets auf der Suche nach neuen Abenteuern.

der Jungspund allerhand Unfug an. Manche Hunde sind hierbei sehr erfinderisch. Kein Wunder, schließlich suchen sie mit ihrem aufmüpfigen Verhalten ihre genaue Rangposition innerhalb des Familienrudels. Spätestens jetzt ist ein konsequentes Grenzen setzen enorm wichtig, ansonsten wächst Ihnen Ihr Weimaraner schnell über den Kopf. Achten Sie unbedingt auf feste sowie klare Regeln und einen strukturierten Tagesablauf. Nur so merkt Ihr Vierbeiner, wer in der Familie das Sagen hat; er orientiert sich daran und passt sich an.

Anspringen

Hunde begrüßen und beschwichtigen ranghöhere Artgenossen, indem sie deren Mundwinkel lecken, ein Verhalten, das im Futterbetteln von Wolfswelpen bei ihrer Mutter begründet liegt. Genauso möchten sich die Vierbeiner bei uns Menschen geben, doch „leider" ist dies den Hunden aufgrund unserer Größe nicht möglich, ohne uns dabei anzuspringen. Zwar ist dieses Verhalten durchaus gut gemeint und gilt als Geste der Unterordnung, trotzdem aber ist es zu Recht, nicht besonders beliebt. Immerhin bringt ein kräftiger Hund eine gewisse Masse mit, die einen nicht ganz standfesten Menschen im wahrsten Sinne des Wortes umhauen kann. Außerdem sind gerade bei Schmuddelwetter hündische Drecktapser auf einer hellen Hose nicht unbedingt wünschenswert. Gewöhnen Sie daher schon dem Welpen ab, Menschen anzuspringen, indem Sie und Ihr Besuch sich bei jeder stürmischen Begrüßung vom Hund wegdrehen und ihn ignorieren. Hat der Welpe den Besuch als nicht besonders begrüßenswert wahrgenommen und trollt sich in seinen Korb, dann ist der Zeitpunkt gekommen, den kleinen Kerl zu rufen und ruhig zu streicheln. Wenden Sie sich Ihrem Weimaraner allerdings erst zu, wenn er sich etwas beruhigt hat. Erfolg versprechend ist auch, eine Ersatzhandlung vom Hund zu fordern. Kommt Ihr Vierbeiner also auf Sie zugerannt und möchte an Ihnen hochspringen, geben Sie ihm sofort beispielsweise das Kommando „Sitz". Begrüßen Sie Ihren Weimaraner erst, wenn er diese Übung ausgeführt hat und in dieser Position bleibt. Loben Sie ihn dafür gründlich und heben Sie das „Sitz" mit einem Gegenkommando (z. B. „Lauf") wieder auf.

Kommentieren Sie ein eventuelles Springen mit einem energischen „Ab" und loben Sie Ihren Hund ausgiebig, wenn er unten bleibt.

Gewöhnen Sie bereits Ihrem Welpen an, dass er weder an Ihnen noch an anderen Menschen hochspringt.

Knabber- und Beißspiele

Absolut unerwünscht ist das Beknabbern und Zerbeißen von Schuhen oder Ähnlichem. Der wedelnde Teenager zwickt auch gerne in Hände, Füße und (Hosen-)Beine. Zwar ist das Knabbern nicht generell schlecht, immerhin nimmt der Junghund damit seine Umgebung ganz genau unter die Lupe; neue Dinge lernt er also auf diese Weise erst einmal kennen. Trotzdem müssen Sie dieses Verhalten zuhause in die richtigen Bahnen lenken. Am besten bekommt Ihr Hund gar keine Gelegenheit, an Ihre Schuhe oder Socken zu gelangen. Hat er doch einmal etwas Unerlaubtes zwischen den Zähnen, nehmen Sie es ihm wortlos weg. Nach einer kurzen Pause lenken Sie ihn mit einem kleinen Spiel ab, und geben ihm anschließend ein erlaubtes Kauspielzeug. In dieser Phase ist es besonders wichtig, dem Vierbeiner genügend „legale" Knabberspielsachen aus Hartgummi, Hartholz oder Büffelhaut zur Verfügung zu stellen, denn häufig kaut der Welpe schon aus Langeweile. Ebenfalls unerlässlich ist natürlich eine angemessene Auslastung durch Spaziergänge und Spiele. Vergreift sich Ihr Weimaraner im Spiel zu fest an Ihrer Hand, quietschen Sie laut wie ein anderer Welpe und fassen ihm mit der anderen Hand über seine Schnauze. Beenden Sie das Spiel sofort. Bald stellt der Kleine sein Zwicken ein, denn der stets folgende Spielentzug macht das Beißen unattraktiv.

Beachten Sie außerdem Auch die Leine ist wie ein verlängerter Arm. Unterbinden Sie daher das spielerische Beißen in die Leine von Anfang an.

Betteln

Füttern Sie Ihren Hund am Tisch, fordert Ihr Weimaraner mit der Zeit seinen Obolus schon durch vehementes Betteln ein. Selbst wenn Sie dieses Verhalten nicht stört, fallen Ihr Junghund und damit auch Ihre Erziehung bei

Gerade ein Welpe braucht genügend „legale" Kaumöglichkeiten, sonst reagiert er seine Knabberlust schnell anderweitig ab.

Besuchern oder in einer eventuellen Pflegestelle doch sehr negativ auf. Damit es erst gar nicht so weit kommt, richten Sie Ihrem Vierbeiner von Anfang an einen ungestörten, eigenen, festen Futterplatz ein; nur hier wird er gefüttert. Während Ihrer Mahlzeit muss Ihr Vierbeiner auf seinem Platz liegen. Möchten Sie ihm dennoch ein kleines Stückchen Wurst oder Käse von Ihrer Brotzeit aufheben, geben Sie es dem Hund trotzdem erst in seine Futterschüssel, wenn Sie mit Essen fertig sind.

Geben Sie Ihrem Weimaraner nichts vom Tisch sonst erziehen Sie ihn regelrecht zum Betteln.

Haltung

Ein „klauender Rabe" beobachtet das Geschehen so lange bis es eine günstige Gelegenheit zum Futterklau gibt.

Ein erhöhter Liegeplatz ist nicht nur gemütlich, sondern bietet auch einen tollen Überblick.

Futterklau

Viele Hunde klauen bei jeder Gelegenheit wie die Raben alles Essbare vom Tisch. Dies ist dem Vierbeiner nur schwer abzugewöhnen, denn es handelt sich dabei um ein selbstbelohnendes Verhalten: Der Hund wird mit dem geklauten Futter umgehend für seine Tat belohnt. Diese Verstärkung bringt Ihren Hund also dazu, die unerlaubte Handlung immer wieder durchzuführen. Am besten lassen Sie nichts Essbares in Reichweite Ihres Weimaraners liegen.

Schimpfen Sie Ihren Hund nur, wenn Sie ihn auf frischer Tat ertappen, ansonsten hat er seinen Diebstahl vergessen und bringt die Strafe mit Ihrer Rückkehr in Verbindung. Einen Futterklau können Sie auch provozieren und gleich mit einem schlechten Erlebnis für den Vierbeiner kombinieren: Träufeln Sie beispielsweise etwas Zitronensaft über Ihr verlockendes Essen und lassen Sie Ihren Vierbeiner damit alleine. Möchte er nun den vermeintlichen Leckerbissen klauen, wird er sein saures Wunder erleben und Ihr Essen in Zukunft meiden.

Springen auf Möbel

Hunde springen gerne auf das Bett, die Couch oder einen Sessel, denn sie lieben erhöhte Sitz- und Liegeplätze. Neben dem gemütlichen Liegekomfort spielt dabei auch die tolle Rundumsicht, mit der Ihr Hund stets alles im Blick hat, eine Rolle. Zwar kann Ihr Hund ohne Weiteres mehrere Liegeplätze haben, es ist jedoch wichtig, dass Sie ihm diese Stellen konkret zuweisen. Im Prinzip spricht nichts dagegen, dem Vierbeiner den Platz auf dem Sofa zu gestatten, wenn er auf Kommando hinauf- und besonders auch wieder hinabspringt. Tut er das nicht, oder unter Protest, lassen Sie ihn gar nicht mehr hinauf. Möchten Sie das grundsätzlich nicht, setzen Sie erziehungstechnisch bereits bei Ihrem Welpen an, denn anfangs ist dieser noch nicht in der Lage, selbstständig auf die Couch zu springen, trotzdem wird er es jedoch versuchen. Ein energisches „Nein" und eine ruhige Sperrung mit der Hand sind hier angebracht. Zeigt der Welpe das gewünschte Verhalten, loben Sie ihn und geben ein Leckerchen oder sein Lieblingsspielzeug. Alternativ dazu empfiehlt es sich, dem Welpen sein Körbchen direkt neben das Sofa zu stellen und ihm seinen Platz so gemütlich und attraktiv wie möglich zu machen.

Übermäßiges Bellen
Dauerkläffen kann verschiedene Ursachen haben. Viele Hunde bellen, um mehr Aufmerksamkeit zu bekommen. Ihre wütende Reaktion reicht ihnen meist schon als Bestätigung und Motivation weiterzumachen. Andere Vierbeiner bellen aus Unsicherheit oder Angst: Etliche sensible Vertreter werden gerade während Ihrer Abwesenheit aus Verlassensangst laut (siehe Seite 60 „Alleinbleiben"). Manchen Kläffern wurde das Bellen auch unbewusst anerzogen: Gerade bei Junghunden wird das Anschlagen häufig in bestimmten Situationen durch eine Belohnung gefördert. Oft steigern sich Hunde immer weiter in ihr Kläffen hinein, gerade Weimaraner sind zudem äußerst wachsam. Um übermäßiges Bellen abzustellen, ist in erster Linie eine intensive, auslastende Beschäftigung wichtig. Fordern Sie Ihren Weimaraner mit einer alternativen Aufgabe. Loben und Belohnen Sie Ihren Hund in Bellpausen ausgiebig. Lassen Sie Ihren redseligen Vierbeiner während seiner „Arie" ins „Platz" gehen: Im Liegen fühlen sich Hunde unsicherer und möchten nicht noch zusätzlich auf sich aufmerksam machen. Auch ein großer Kauknochen kann hilfreich sein. Bellt Ihr Weimaraner im Garten oder auf dem Balkon, wirkt eine Wasserpistole mit größerer Reichweite Wunder: Der Hund wird überraschend getroffen und verbindet die Strafe nicht mit Ihrer Hand.

Grundkommandos

„Sitz"
Reagiert Ihr Weimaraner zuverlässig auf seinen Namen, beginnen Sie mit der „Sitz"-Übung. Nehmen Sie hierfür ein Leckerli in die Hand, zeigen Sie es Ihrem Hund, damit er aufmerksam wird, aber geben Sie es ihm noch

Ist der wachsame Weimaraner unterfordert, entwickelt er sich leicht zum übereifrigen Aufpasser, der alles lautstark kommentiert.

Verbinden Sie das gesprochene Kommando „Sitz" von Anfang an mit einem Sichtzeichen.

Haltung

> **Aufgepasst!**
>
> *Trainieren Sie mit Ihrem Hund nur, wenn Sie seine volle **Aufmerksamkeit** haben. Machen Sie sich für Ihren Vierbeiner zunächst also mit einem Leckerli oder seinem Lieblingsspielzeug interessant. Beginnen Sie die Übung erst, wenn Ihr Vierbeiner genau auf Sie achtet.*

nicht. Führen Sie nun den Futterbrocken langsam an der Nasenspitze des Vierbeiners vorbei nach oben und dann nach hinten, in Richtung Hundestirn. Weil Ihr haariger Schüler dem verlockenden Leckerbissen folgen möchte, muss er sich am Ende Ihrer Handbewegung zwangsläufig hinsetzen. Belohnen Sie ihn jetzt sofort mit der Leckerei, sagen Sie dabei das Kommando „Sitz" mehrmals. Wiederholen Sie diese Übung ein paar Mal am Tag. Setzt sich Ihr Vierbeiner nicht hin, versuchen Sie es mit einem reizvolleren Leckerli. Auch bei dieser Übung sind Geduld und Selbstbeherrschung gefordert. Sprechen Sie so lange nicht mit Ihrem Schüler, bis er sich setzt. Erst im Moment des Hinsetzens sagen Sie mehrmals hintereinander „Sitz" und belohnen den Welpen mit Futter. Klappt die Lektion schließlich auf Kommando, verwenden Sie zusätzlich zur Sprache ein Sichtzeichen (z. B. erhobener Zeigefinger). Später genügt das visuelle Signal, damit Ihr Weimaraner absitzt. Das Erlernen von Sichtzeichen kann Ihnen und Ihrem Hund vor allem auf die Entfernung hin sehr nützlich sein. In der Regel lernen Hunde das „Sitz" sehr schnell.

„Platz"

Das Einüben des „Platz"-Befehls ist häufig schwieriger als das Erlernen des Kommandos „Sitz", weil das Hinlegen auf Befehl vom Hund als Unterordnung empfunden wird. Nicht jeder Vierbeiner möchte sich so einfach ergeben, daher kann es hierbei vor allem mit sehr selbstbewussten Hunden Probleme geben.

Lassen Sie Ihren Weimaraner zunächst vor Ihnen absitzen und anschließend an Ihrer Hand schnuppern, in der ein Leckerli versteckt ist. Gehen Sie dann mit Ihrer verlockend duftenden Hand von der Hundenase abwärts zwischen den Vorderbeinen des Hundes bis auf den Boden; dort angekommen ziehen Sie das Leckerli langsam zu sich her. Da Ihr haariger Schüler dem Futterbrocken mit der Nase folgen möchte, wird er sich aus Bequemlichkeit am Ende von selbst hinlegen, um besser an Ihre Hand zu gelangen. Sagen Sie genau in diesem Moment „Platz", loben Sie den Hund ausgiebig und belohnen Sie ihn mit dem Leckerli. Diese Übung funktioniert auch, wenn Sie sich auf den Boden knien, ein Bein nach vorne ausstrecken und den Hund mit einem Leckerli unter Ihrem gestreckten Bein hindurch locken. Auch dieses Kommando sollten Sie anfangs rasch wieder auflösen. Klappt das „Platz", führen Sie ein zusätzliches Sichtzeichen ein. Winkeln Sie dafür beispielsweise Ihren Unterarm im 90°-Winkel an und stre-

Die Hohe Schule der Unterordnung: „Platz" aus der Entfernung.

Lern-Tipps

ⓘ Trainieren Sie kein neues Kommando ehe das vorher angefangene nicht sicher klappt!

ⓘ Üben Sie nie mit Ihrem Hund, wenn Sie gestresst und schlecht gelaunt sind oder keine Zeit haben. Ihre negative Stimmung überträgt sich sofort auf Ihren vierbeinigen Schüler; er ist dadurch verunsichert und bekommt unter Umständen eine Lernblockade. An erster Stelle des Trainings muss immer Spaß und gute Laune stehen.

ⓘ Eine leise Stimme reicht vollkommen aus. Ein zu lauter oder sehr forscher Tonfall kann sensible Vierbeiner schon unnötig einschüchtern.

ⓘ Trainieren Sie nicht zu lang: Pausen sind in der Hundeerziehung enorm wichtig, da der Hund das Gelernte dann noch einmal in Ruhe verarbeitet.

ⓘ Wechseln Sie immer wieder Trainingszeit und -ort, damit für den Hund kein Gewöhnungseffekt auftritt und der Vierbeiner nicht nur zu einer bestimmten Zeit an einem bestimmten Ort folgt.

Trainingspausen müssen sein ...

cken Sie ihn langsam nach unten aus; Ihre Handfläche bleibt dabei ebenfalls ausgestreckt.

„Bleib"

Das Kommando „Bleib" wird in der Hundeerziehung meist unterschätzt. In vielen Situationen kann es von großer Bedeutung sein, den Vierbeiner in einer bestimmten Position verharren zu lassen, beispielsweise vor einem Geschäft, im offenen Kofferraum, an einer Straße oder unter der Kanzel. Am einfachsten lernt Ihr Weimaraner den Befehl „Bleib" über die Grundkommandos „Sitz" und „Platz". Lassen Sie Ihren Vierbeiner zunächst vor Ihnen absitzen oder abliegen. Kombinieren Sie dabei das „Sitz" oder „Platz" ab jetzt mit dem Wort „Bleib". Verwenden Sie zusätzlich von Anfang an folgendes Sichtzeichen: Ihre Handfläche zeigt am ausgestreckten Arm zu Ihrem Hund. Dies symbolisiert Ihrem Weimaraner ein Stopp bzw. ein Verharren in der momentanen Position. Erstrecken Sie das „Bleib" anfangs nur über eine sehr kurze Zeitspanne (gehen Sie einen Schritt rückwärts und sofort wieder vor, auf Ihren Hund zu) und steigern Sie diese erst allmählich. Sparen Sie wie immer nicht mit Lob.

Schimpfen Sie andererseits nicht, wenn Ihr wedelnder Schüler zunächst nicht in der gewünschten Stellung bleibt. Hier helfen nur Geduld und ein wortloses erneute In-Position-

Das „Bleib" ist in vielen Situationen äußerst wichtig. Seine Bedeutung wird jedoch häufig unterschätzt.

Haltung

Selbst bei Fotoaufnahmen bewährt sich das „Bleib".

Bringen unter Verwendung der entsprechenden Befehle (z. B. „Sitz und Bleib") und des Sichtzeichens. Vergrößern Sie neben dem Zeitfaktor allmählich auch die Entfernung zum Hund. Erhöhen Sie den Schwierigkeitsgrad nach und nach, indem Sie die Übungsorte wechseln und außerdem Ablenkungen für Ihren Weimaraner schaffen, auf die er natürlich nicht reagieren darf (z. B. durch Geräusche, Gegenstände, andere Menschen, andere Hunde). Selbst wenn Sie außer Sichtweite sind, sollte Ihr vierbeiniger Gefährte schließlich in der gewünschten Position verharren. Erschweren Sie die Übung immer erst dann, wenn der vorausgegangene Schritt wirklich sicher sitzt und heben Sie das Kommando immer erst durch ein Gegenkommando wie „Lauf" wieder auf. Beherrscht Ihr wedelnder Freund das Kommando „Bleib" perfekt, können Sie den Befehl ab jetzt in diversen Situationen in Ihren Alltag integrieren. Auch bei Fotoaufnahmen macht Ihr Weimaraner nun als ruhig verharrendes Modell eine gute Figur. Ebenso hilfreich ist das „Bleib" für das Erlernen von Kunststückchen.

„Hier"

Trainieren Sie das Herkommen zunächst in einem abgeschlossenen Terrain, in dem sich für den Hund möglichst wenige Ablenkungen bieten. Stellen Sie sich in kurzer Distanz vor den Hund hin und gehen Sie in die Hocke. Ist Ihr Weimaraner voll auf Sie konzentriert, rufen Sie ihn beim Namen. Läuft er in Ihre Richtung, geben Sie sofort das Kommando „Hier". Locken Sie Ihren Hund zusätzlich mit einem Leckerli oder seinem Lieblingsspielzeug. Kommt der Vierbeiner auf Sie zu, loben und belohnen Sie ihn ausgiebig. Vergrößern Sie die Distanz nach und nach. Gehen Sie jedoch wie immer erst zur nächsten Trainingseinheit über, wenn die Vorherige sicher sitzt. Loben Sie den Vierbeiner wieder überschwänglich, wenn er bei Ihnen ankommt.

Klappt das „Hier" zuverlässig in abgeschlossenem Terrain, beginnen Sie mit ersten Übungen im freien Feld. Dabei erweist sich eine leichte, 10 m lange Schleppleine als hilfreich, außerdem ein Brustgeschirr. Lassen Sie die Leine neben dem Hund schleifen. Reagiert er

---

„Bleib"-Training für Regentage

Den „Bleib"-Befehl können Sie an Regentagen auch gut in der Wohnung üben. Entfernen Sie sich zunächst nur innerhalb des Zimmers vom Hund. Solange Sie noch in Sichtweite sind, verwenden Sie unbedingt zum gesprochenen Kommando das Sichtzeichen, ein Signal, das Ihnen in freier Natur auf große Entfernung hin wertvolle Dienste leistet. Später verlassen Sie den Raum ganz, wobei Ihr Vierbeiner seine Position solange nicht verändern darf bis Sie es ihm erlauben. Erfinden Sie aus dieser Übung heraus Indoor-Spiele wie beispielsweise „Verstecken" (Mensch, Gegenstände, Futter etc.). Sparen Sie selbstverständlich auch bei Spielen nie mit Lob. Stecken Sie Ihren eifrigen Vierbeiner mit guter Laune an, nur so macht Lernen Spaß!

Erste Erziehungsschritte

Ein Auflösungskommando ist wichtig, damit der Hund genau den Anfang und das Ende einer Übung kennt.

> **Wichtiges Auflösungskommando**
> *Vergessen Sie nicht, Befehle wie „Sitz", „Platz", „Bleib" oder „Hier" durch ein entsprechendes Gegenkommando wie beispielsweise „Lauf" wieder aufzuheben.*
> **Achtung:** *Besonders zu Beginn der Ausbildung ist es sehr wichtig, ein Kommando schnell wieder aufzulösen. In jedem Fall bevor der Hund von sich aus aufsteht und die Übung nach seinem Ermessen beendet!*

nicht auf das Kommando „Hier", ziehen Sie ganz sanft und kommentarlos an der Leine bis Ihr Weimaraner von selbst in Ihre Richtung läuft; dann loben Sie ihn sofort wieder. Schnell lernt Ihr haariger Gefährte, Ihren verlängerten Arm zu respektieren und zuverlässig auf Befehl zu kommen, auch wenn Ablenkungen in der Nähe sind.

Die tägliche Fütterung eignet sich ebenfalls als Lockmittel. Wartet der Hund beispielsweise hungrig auf sein Futter, bringen Sie ihn in ein anderes Zimmer und lassen ihn dort von einer Hilfsperson festhalten. Gehen Sie dann zurück zum Napf und rufen „Hier" oder benutzen Sie die Hundepfeife. Der Vierbeiner wird losgelassen und rennt sofort zu Ihnen beziehungsweise seinem heiß ersehnten Fressen. Mit dieser Methode verknüpft Ihr Weimaraner den gerufenen „Hier"-Befehl, der dem Pfiff auf der Hundepfeife entspricht, immer mit etwas Angenehmem.

Kommt Ihr Hund mehr oder weniger zufällig zu Ihnen, sagen Sie erneut sofort das Kommando „Hier" und loben und belohnen Sie ihn überschwänglich. Auch dieses Zufallsprinzip ist Erfolg versprechend.

Ein gelegentliches Verstecken kann ebenfalls für das Herkommen hilfreich sein, immerhin möchte Ihr Vierbeiner Sie als seine Bezugsperson nicht verlieren. Die Bindung zu Ihnen wird dadurch vertieft. Loben und belohnen Sie

Empfangenen Sie Ihren Weimaraner mit offenen Armen, wenn er zu Ihnen kommt.

69

Machen Sie sich interessant

Macht Ihr Hund keine Anstalten, auf Befehl zu Ihnen zurückzukommen, sind Sie sicherlich zu uninteressant für ihn. Versuchen Sie die Aufmerksamkeit Ihres Vierbeiners mit einer spannenden Stimme, dem Zeigen eines Leckerlis, einer lustigen Spielaufforderung oder einem Sprint in die entgegengesetzte Richtung zu erreichen. Erst dann wird er auf Ihr Kommando reagieren.

Kommt Ihr Hund erst nach längerem Warten zu Ihnen zurück, schimpfen Sie ihn auf keinen Fall, denn dann verbindet er die Schelte gerade mit seiner Rückkehr. Er hat längst vergessen, dass er nicht auf den „Hier"-Befehl gehört hat.

Ihren Weimaraner auch in diesem Fall ausgiebig, wenn er zu Ihnen kommt.

Lob und Strafe

Lob ist in der Hundeerziehung der Schlüssel zum Erfolg. Gerade bei einem Weimaraner, der rassetypisch äußerst sensibel ist, sind Lob und Motivation das A und O in der Erziehung und Ausbildung. Auf Strafen reagiert er dagegen generell sehr empfindsam. Belohnen Sie jeden Schritt in die richtige Richtung eines erwünschten Verhaltens sofort, auch wenn Ihr Hund zufällig handelt. Nur so motivieren Sie Ihren Vierbeiner, aus Spaß an der Freude mit Ihnen weiterzuarbeiten. Richten Sie die Art der Belohnung individuell nach den Vorlieben Ihres Weimaraners: Manche Hunde freuen sich schon sehr über ein gesprochenes Lob und Streicheleinheiten, andere bevorzugen Leckerlis; einige Vertreter sind glücklich, wenn sie ihr Lieblingsspielzeug bekommen, wieder andere empfinden ein lustiges Spiel als tolle Belohnung. Bei sehr aufgeregten, hyperaktiven Hunden kann es allerdings von Vorteil sein, den Vierbeiner nicht zu überschwänglich zu loben, weil sich dadurch die Freude des Hundes, die zwar absolut erwünscht ist, unter Umständen so hochschaukelt, dass ein konzentriertes Weiterarbeiten anschließend kaum noch möglich ist. Ruhigere Vierbeiner sollten hingegen mit stark motivierendem Lob aus der Reserve gelockt werden.

Setzen Sie Strafen nie in Form von körperlicher Gewalt ein: Eine körperliche Züchtigung kann, abgesehen von einem raschen Vertrauensbruch, sogar als positive Verstärkung wirken, schließlich bekommt der Vierbeiner damit Aufmerksamkeit bzw. Zuwendung, auch wenn diese negativer Art ist. Sie bestärkt ihn wiederum in seinem Fehlverhalten und veranlasst ihn dazu, weiterzumachen. Deutlich wirkungsvoller als Gewalt ist der Entzug von Zuwendung, wenn es die Situation zulässt. Ignorieren Sie unerwünschtes Verhalten also einfach. Bellt Ihr Hund beispielsweise übermäßig, beachten Sie es nicht. Belohnen Sie andererseits aber jede Bellpause. So lernt Ihr vierbeiniger Freund, dass sich Nicht-Bellen mehr auszahlt als Kläffen. Wirkungsvoll ist außerdem, Ihren Vierbeiner mit einem energischen „Nein" und „Geh Körbchen" auf seinen Platz zu schicken und ihn dort zu ignorieren. Das Umfassen der Hundeschnauze mit der flachen Hand von oben (Schnauzgriff) ist hilfreich, um

Auch ein Sprint in die entgegengesetzte Richtung animiert einen Junghund zum Herkommen, denn er möchte Sie nicht verlieren.

Lob ist das A und O bei einer erfolgreichen Hundeerziehung.

die Rangordnung klarzustellen. Damit wird das Zurechtweisen eines ranghöheren Rudelmitglieds über den Nasenrücken des Untergebenen nachgeahmt. Bestimmte Angewohnheiten können Sie Ihrem Hund auch abgewöhnen, indem Sie ihm seine Macken einfach verleiden oder seine Aufmerksamkeit auf etwas Erlaubtes umlenken (siehe ab Seite 61 „Abgewöhnen von Jugendsünden").

Fazit Sparen Sie in der Hundeerziehung also nicht mit Lob und Belohnung. Strafen Sie dagegen nur wohldosiert und gut überlegt, denn das Vertrauen eines Vierbeiners ist durch unüberlegtes Handeln schneller zerstört, als es sich später wieder aufbauen lässt.

Bitte beachten Sie Schwerwiegende Verhaltensauffälligkeiten wie Schnappen oder Beißen dürfen selbstverständlich nicht ignoriert werden. Wenden Sie sich in einem solchen Fall unbedingt an einen kompetenten Hundetrainer.

Ein konsequentes Grenzensetzen muss sein. Vorsicht gilt jedoch mit dem Einsatz von Strafen.

Pflege

Machen Sie am besten schon Ihren Welpen mit den diversen Pflegemaßnahmen vertraut.

Die wichtigsten Pflegemaßnahmen

Da bestimmte Pflegemaßnahmen bei Hunden unerlässlich sind, gewöhnen Sie am besten schon Ihren Welpen an die wichtigsten Handgriffe. Gehen Sie grundsätzlich bei allen Pflegemaßnahmen sanft und behutsam vor. Macht das Hundekind hier schlechte Erfahrungen oder dauert es ihm zu lang, wird es Körperpflege zukünftig als unangenehm empfinden und ihr lieber aus dem Weg gehen wollen. Pfotenabputzen und Stillhalten beim Bürsten müssen erst einmal gelernt werden. Führen Sie Ihren Welpen auch möglichst frühzeitig an die Augen-, Ohr-, Zahn- und Krallenkontrolle heran. Bleibt Ihr Hundekind bei der Pflege ruhig und gelassen, belohnen und loben Sie es ausgiebig. Wehrt sich dagegen Ihr junger Vierbeiner oder wird er albern, bringen Sie ihn mit einem bestimmten „Nein" zur Ruhe. Hält er wieder still, loben Sie ihn und belohnen ihn zudem mit sofortigem Übungsende.

Fellpflege

Wölfe haben ihre ganz eigene Art der Fellpflege: Sie nehmen Sand- und Schlammbäder, die gleichzeitig wie eine Massage wirken und die Talgdrüsen der Haut anregen. Die Haare werden durch Lecken gereinigt, wobei der Speichel dabei Keime abtötet. Unsere Hunde verhalten sich ganz ähnlich, allerdings entspricht diese Art der Fellpflege nicht unserem hygienischen Verständnis, sodass wir hier gerne nachhelfen. An das Bürsten gewöhnt sich der Weimaraner in der Regel schnell, denn bald merkt er, dass Fellpflege auch eine sehr angenehme Massage sein kann, die hervorragend die Durchblutung der Haut anregt. Bürsten Sie immer mit dem Strich, also in Haarwuchsrichtung von vorne nach hinten und untersuchen Sie Ihren wedelnden Freund nebenbei gleich auf einen eventuellen Parasitenbefall oder Hautverletzungen. In der Regel reicht es aus, einen kurzhaarigen Weimaraner nur ab und zu mit einer Sisalbürste, einem Noppenhand-

Pflege

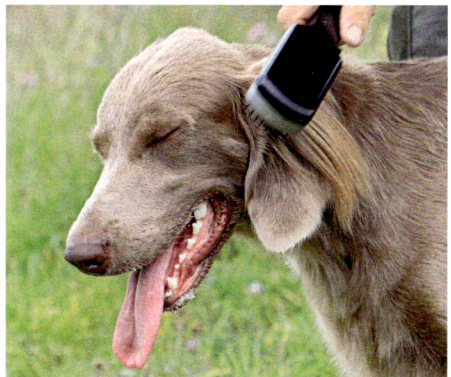

Die feinen Haare am Behang können leicht verfilzen. Hier ist extra Kämmen angesagt.

schuh oder einem Furminator® zu bürsten. Die langhaarigen Rasseverteter benötigen etwas mehr Pflege; vor allem die feinen Haare an den Ohren, den Läufen, der Rute und am Bauch müssen regelmäßig gekämmt werden, damit sie nicht verfilzen.

Unterstützen Sie den halbjährlichen Haarwechsel von innen mit einer über das Futter gestreuten Kräutermischung aus Löwenzahn, Birkenblättern, Brennnesseln und Ackerschachtelhalm. Spitzwegerich, Kerbel und Petersilie helfen aufgrund ihres hohen Vitamingehalts, das Immunsystem anzuregen. Entsprechende Fertigpräparate gibt es inzwischen im Fachhandel zu kaufen.

Weil zu häufiges Baden die Schmutz abweisende und wetterfeste Schutzschicht des Felles zerstört, sollten Sie Ihren Weimaraner nur im Notfall in die Wanne setzen. Rubbeln Sie den Vierbeiner nach dem Abspülen gut mit einem Handtuch trocken und lassen Sie ihn an kalten Tagen wegen der Erkältungsgefahr nicht sofort ins Freie, sondern stellen Sie seinen Korb in die Nähe der wärmenden Heizung. In der Regel reicht das Ausbürsten oder Abrubbeln von Schmutz.

Pfoten

Nützen sich die Krallen Ihres Weimaraners nicht auf natürliche Weise ab, müssen sie von Zeit zu Zeit geschnitten werden, damit sie nicht abbrechen. Führen Sie Ihren Welpen hier ganz langsam und in kleinen Schritten heran: Nehmen Sie zunächst immer wieder abwechselnd eine seiner Pfoten auf und halten Sie diese kurz in der Hand. Fasst der Hund Ihr Vorgehen als lustiges Spiel auf oder will er

Der Weimaraner hat ein sehr wetterfestes, schmutzabweisendes und pflegeleichtes Fell.

Eine regelmäßige Ballen- und Krallenkontrolle gehört auch zu den obligatorischen Pflegemaßnahmen.

Haltung

seine Pfote wegziehen, korrigieren Sie ihn mit einem energischen „Nein"; bleibt er ruhig, loben Sie ihn ausgiebig. Zum Krallenschneiden verwenden Sie eine spezielle Zange aus dem Fachhandel. Achten Sie darauf, dass Sie keine Blutgefäße verletzen. Am besten lassen Sie sich die richtige Technik erst einmal von Ihrem Tierarzt zeigen.

Das Pfotenabputzen üben Sie ebenfalls durch das abwechselnde Aufnehmen der Pfoten. Möchte Ihr Junghund während des Abputzens in das Handtuch beißen, reagieren Sie erneut mit einem „Nein". Verhält er sich dagegen brav, winkt am Ende wieder eine Belohnung. Im Winter empfiehlt sich zusätzlich eine regelmäßige Ballenkontrolle, denn durch das viele Streusalz wird die Pfotenunterseite leicht trocken oder rissig; Abhilfe schaffen Einreibungen mit Hirschtalg, Melkfett oder Vaseline.

Augen, Ohren, Zähne

Besonderer Behutsamkeit bedarf das Heranführen an die Augenpflege. Streichen Sie Ihrem Welpen schon im Spiel oder während

> **Zahnwechsel bei Welpen**
>
> *Der Zahnwechsel beginnt etwa im vierten bis fünften Lebensmonat des Welpen. Geben Sie Ihrem Vierbeiner in dieser Zeit genügend Kaumaterial wie Büffelhautknochen und Spielzeug aus Hartgummi. Gegen eventuell auftretende Schmerzen helfen, wie bei Babys, das zuckerfreie Dentinox-Gel aus Kamillenblüten oder das homöopathische Kombi-Präparat Osanit. Fällt ein Milchzahn nicht von selbst aus, obwohl schon der neue Zahn sichtbar ist, sollten Sie den alten vom Tierarzt ziehen lassen, damit es nicht zu Gebissfehlstellungen kommt.*

des Streichelns immer wieder kurz über die Augen. Sekret oder Verkrustungen in den Augenwinkeln entfernen Sie später mit einem weichen, feuchten, sauberen Tuch. Im Zoofachhandel bekommen Sie hierfür spezielle Pflegetücher.

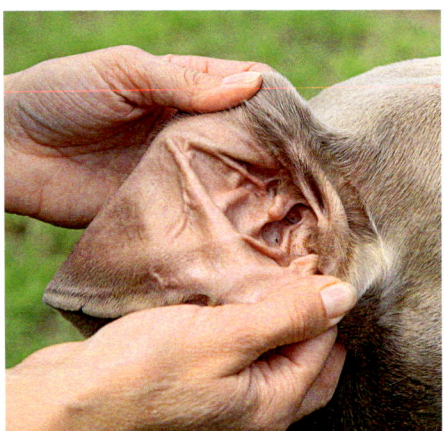

Hunde mit Hängeohren neigen zu Ohrentzündungen, weil das Innenohr hier nicht so gut belüftet wird. Vorbeugend ist das Ohr unbedingt sauber zu halten.

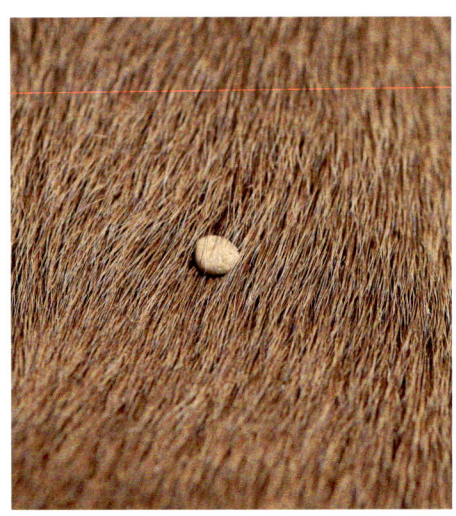

Zecken können Ihren Hund mit gefährlichen Krankheiten infizieren.

Pflege

Die wichtigsten Pflegeutensilien

✓ Je nach Haarart: Bürste, Kamm, Furminator® oder Noppenhandschuh
✓ Flüssiger Ohrreiniger vom Tierarzt
✓ Reinigungstücher für die Augen
✓ Hundezahnbürste und -pasta bzw. Kaustripes zur Zahnpflege
✓ Krallenschere
✓ Vaseline, Hirschtalg oder Melkfett zur Ballenpflege
✓ Zeckenzange

Weitere Pflege-Tipps

Regelmäßige Impfungen gegen Staupe, Hepatitis, Leptospirose, Parvovirose und Tollwut sowie Entwurmungen gehören ebenfalls zu den obligatorischen Pflegemaßnahmen bei einem Hund. Um einen Parasitenbefall zu vermeiden, ist außerdem ein sauberer Schlafplatz wichtig: Verwenden Sie nur Decken, Kissen oder Polster, die maschinenwaschbar sind. Untersuchen Sie Ihren Hund zudem von Frühjahr bis Herbst täglich auf Zecken, denn diese könnten ihn mit Borreliose infizieren. Spezielle Präparate, die vor starkem Zeckenbefall schützen, bekommen Sie bei Ihrem Tierarzt. Am besten lassen Sie sich bezüglich der Auswahl eines geeigneten Mittels von ihm beraten.

Auch die Ohren sollten Sie öfter kontrollieren. Als Vorübung zur Ohrenpflege heben Sie die Behänge immer wieder mal an und sehen in die Ohrmuschel hinein. Achten Sie darauf, dass sich weder Krusten oder Fremdkörper im Ohr befinden noch Haare in den Gehörgang wachsen. Eventuell vorgefundene, unangenehme Parasiten müssen schnell behandelt werden. Halten Sie das Hundeohr sauber, damit es nicht zu schmerzhaften Entzündungen durch Bakterien oder Pilze kommt. Verwenden Sie für die Säuberung des Gehörgangs jedoch keine Wattestäbchen, sondern nur spezielle Flüssigreiniger vom Tierarzt.

Eine regelmäßige Zahnkontrolle führen Sie am besten von klein auf bei Ihrem Weimaraner durch. Während des Zahnwechsels braucht der junge Vierbeiner genügend Kaumaterial (siehe Kasten Seite 74). Harte Leckereien zwischendurch entfernen schädliche Beläge. Zur dauerhaften Gesunderhaltung von Zähnen und Zahnfleisch empfiehlt sich regelmäßiges Zähneputzen; hierfür gibt es im Zoofachhandel oder bei Ihrem Tierarzt Hundezahnbürsten und -pasten. Aber auch zahnpflegende Kaustrips haben sich bewährt. Allerdings sind diese in Hundekreisen wohl Geschmacksache und nicht bei jedem Vierbeiner beliebt.

Verwöhntipps für Vierbeiner

Bachblüten und Homöopathie

Diverse Bachblüten und homöopathische Mittel verhelfen Ihrem Hund gerade in einer anstrengenden Jagdsaison zu neuen Kräften. So wirkt beispielsweise Crap Apple ausgleichend auf den Stoffwechsel und das Immunsystem. Centaury erfrischt und vitalisiert. Olive stellt das innere Gleichgewicht bei Erschöpfung wieder her, Agrimony stärkt und schützt vor Überbelastung. Die Abwehrkräfte Ihres Weimaraners werden mit Echinacea-Globuli gestärkt. China und Ignatia haben sich bei Erschöpfungszuständen und Stress bewährt. Gegen Muskelkater und Überanstrengung eignen sich innerlich Arnica und Traumeel. Bei

Bachblüten bewähren sich auch im Wellnessbereich.

Haltung

Verspannungen kann Magnesium phosphoricum helfen.

Inzwischen gibt es schon fertige Bachblütenmischungen oder homöopathische Präparate im Zoofachhandel zu kaufen. Möchten Sie jedoch tiefer in die Materie einsteigen, lassen Sie sich von einem erfahrenen Therapeuten beraten.

Mit Massage, Akupressur und TTouch® entspannen

Eine wohltuende Massage wirkt bei Ihrem Weimaraner ebenfalls vitalisierend. Sie erfolgt am besten in Bauch- oder Seitenlage des Hundes. Streicheln Sie dabei in einfachen, geraden Linien oder in Wellen. Auch ein Kreisen Ihrer Handflächen wirkt entspannend. Variieren Sie zusätzlich den Druck. Massieren Sie jedoch nicht zu kräftig, Ihr Hund soll sich schließlich wohlfühlen und keine Schmerzen haben. Streichen Sie am Ende einer Massage immer den ganzen Körper des Hundes noch einmal sanft aus. Eine Massage sollte nicht länger als 15 bis 20 Minuten dauern; gewöhnen Sie Ihren Weimaraner erst langsam an diese Zeitspanne. Massieren Sie nie, wenn Ihr Vierbeiner eine Infektion oder gerade gefressen hat.

Die Akupressur ist eine Abwandlung der Akupunktur. Hier wird ohne Nadeln, nur mit der Berührung und dem Druck der Finger gearbeitet. Dies hat neben dem körperlichen Aspekt auch eine sehr positive, entspannende Wirkung auf die Psyche des Hundes.

Die TTouch®-Methode hingegen besteht aus unterschiedlichen Bewegungen und Handpositionen, die im Uhrzeigersinn auf der Haut des Hundes in verschiedenen Druckstärken ausgeführt werden. Vor allem bei seelischen Störungen sowie zur allgemeinen Beruhigung, zum Stressabbau und Wiederherstellung des Vertrauens hat sich der TTouch® bewährt. Auch zur Schmerzlinderung wird diese Methode erfolgreich eingesetzt. Etliche Hundeschulen bieten inzwischen TTouch®-Seminare an.

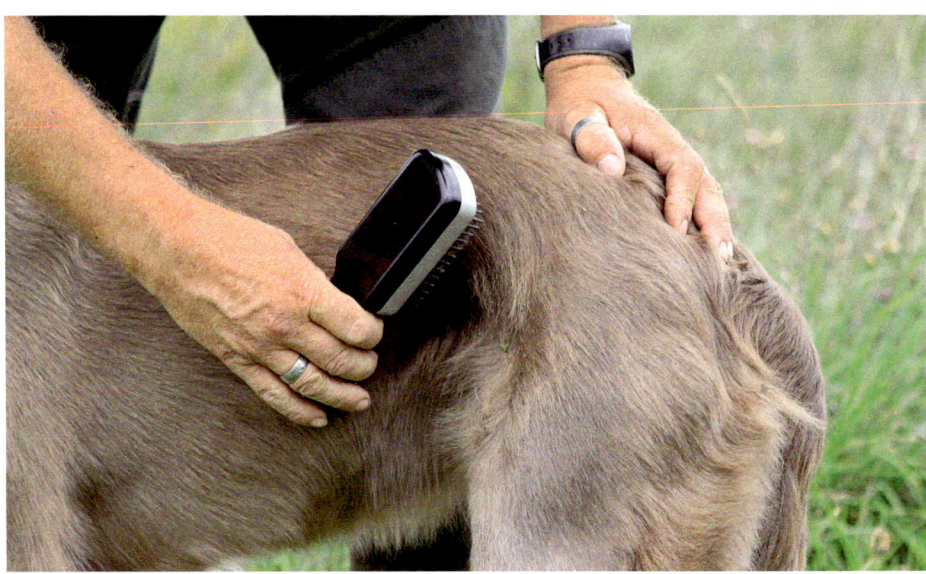

Auch das Bürsten empfinden viele Hunde als angenehme, durchblutungsfördernde Massage.

Ernährung

Mit einer optimalen Ernährung tragen Sie zu einem langen und gesunden Leben Ihres Weimaraners bei.

Eine ausgewogene Ernährung ist maßgeblich an der Gesunderhaltung Ihres Weimaraners beteiligt. Füttern Sie nur hochwertiges Futter, das dem Alter, Gesundheitszustand und der Auslastung Ihres vierbeinigen Freundes angepasst ist.

So benötigen arbeitende Gebrauchshunde energiereicheres Futter als normal beanspruchte Familienhunde. Auch Welpen brauchen eine andere Ernährung als erwachsene oder gar alte Hunde, schließlich sind sie noch in der Entwicklung. Der Fachhandel hält inzwischen für alle Altersklassen und Bedürfnisse spezielles Hundefutter parat. Mit einem qualitativ hochwertigen Fertigfutter gehen Sie also in jedem Fall auf Nummer sicher: Ihr Weimaraner wird optimal mit allen wichtigen Nährstoffen versorgt. Trotzdem vertragen manche Hunde das handelsübliche Futter nicht. In diesem Fall müssen Sie selbst zum Kochlöffel greifen. Dies ist nicht ganz einfach, denn die richtige Zusammensetzung einer

Haltung

Ein arbeitender Gebrauchshund braucht ein entsprechendes energiereiches Futter.

ausgewogenen Ernährung ist eine echte Wissenschaft für sich.

Auch das „Barfen" (= biologisch artgerechte Rohfütterung) ist möglich. Hier ist ebenfalls ein umfassendes Informieren vorab durch einen Tierarzt oder Fachliteratur sehr wichtig.

Im Folgenden finden Sie jedoch einige Tipps für eine abwechslungsreiche und gesunde Hundemahlzeit.

Tipp!

Im Buch- und Zoofachhandel gibt es für alle Hundefutter-Hobbyköche eine breite Palette an Ratgebern zum Thema „Hundeernährung". Falls Sie für Ihren Hund kochen, ist ein umfassendes Informieren unerlässlich, damit Ihr Vierbeiner durch einen ausgewogenen Speiseplan wirklich optimal mit allen wichtigen Nährstoffen versorgt wird und es nicht zu Mangelerscheinungen kommt. Spezielle Fachtierärzte für Ernährung und Diätetik, die häufig auch an Universitätstierkliniken Beratungssprechstunden anbieten, sind Ihnen gerne bei der Erstellung einer gesunden Hundemahlzeit behilflich.

Fleisch und Ballaststoffe in Form von Reis oder Hundeflocken bilden die Basis einer ausgewogenen Hundeernährung. Achten Sie zusätzlich auf eine ausreichende Vitamin- und Mineralstoffversorgung. Diese geschieht beispielsweise in Form von natürlichen Zusätzen wie Gemüse, Kräutern, Hüttenkäse, Quark oder Naturjoghurt. Gemüse sollte immer püriert verfüttert werden, sonst kann der Hundemagen die darin enthaltenen Vitamine nicht aufschließen. Es ist nicht nur gesund, sondern fördert mit seinen Ballaststoffen auch die Verdauung. Außerdem beeinflusst Gemüse positiv den Säure-Base-Haushalt des Hundes. Ideal sind Möhren – sie enthalten viel Karotin, die Vorstufe von Vitamin A, außerdem Mineralstoffe und Spurenelemente. Geben Sie zusätzlich immer etwas Öl; dies hilft bei der Verwertung des fettlöslichen Vitamin A. Gekochter Broccoli ist ebenfalls sehr gesund; er wirkt krebsvorbeugend und entgiftend. Spinat, Zucchini, Blattsalate und gekochte Tomaten runden einen ausgewogenen Speiseplan ab. Kräuter wie Brennnesseln, Basilikum, Petersilie, Löwenzahn und Dill sind nicht nur reich an wichtigen Vitaminen, Mineralien und Spurenelementen, sie haben auch eine heilende Wir-

Ernährung

Viele Hunde haben Äpfel zum Fressen gern.

> **Warnung vor Schokolade und Weintrauben**
>
> *Schokolade enthält Theobromin, das für Hund und Katze lebensgefährlich sein kann. Ein paar Riegel dunkle Schokolade können einen kleineren Hund töten. Weintrauben und Rosinen können bereits in geringen Mengen zu einer tödlichen Niereninsuffizienz führen.*

kung bei verschiedenen Krankheiten (Beispiele siehe ab Seite 107 „Vorsorge"). In Zeiten extremer Anforderung oder erhöhter Krankheitsanfälligkeit ist eventuell ein zusätzliches Vitaminpräparat nötig. Halten Sie sich hier allerdings genau an die vom Tierarzt oder in der Packungsbeilage angegebene Dosierung, denn selbst Vitamine können überdosiert schaden.

Schönheit kommt von innen

Da Schönheit bekanntlich von innen kommt, ist der Speiseplan Ihres Hundes auch für ein glänzendes Fell und eine gesunde Haut verantwortlich. Eine große Rolle spielen dabei die Vitamine A und E sowie Zink, außerdem essentielle Fettsäuren wie Omega-3 und Omega-6. Um einem Mangel vorzubeugen, der sich in stumpfem Fell, Schuppen, Haarausfall, Juckreiz, fettiger Haut und Infektanfälligkeit äußert, geben Sie ab und zu einen Löffel Maiskeim-, Sonnenblumen-, Distel- oder Pflanzenöl über das Futter. Hochwertiges Eiweiß ist ebenfalls unverzichtbar, allerdings reagieren manche Hunde allergisch auf rohes Eiweiß. Auch Hefe und Biotin verhelfen zu einer gesunden Haut und glänzendem Fell. Ab und zu ein rohes, frisches Eigelb ist ebenfalls gut für Haut und Haare, denn es enthält viele Spurenelemente und Vitamine. Die zerriebene Eierschale versorgt Ihren Vierbeiner dagegen mit natürlichem Calcium.

Hat Ihr Weimaraner ein wenig zugelegt, bauen Sie seine überschüssigen Pfunde lieber mit einem ausgewogenen, aber kalorienarmen Diätfutter als mit einer Kürzung der normalen Futtermenge ab. Auch eine Streckung des herkömmlichen Futters mit Puffreis (im Zoofachgeschäft erhältlich) kann bei einer Diät hilfreich sein.

Achten Sie stets auf saubere Hundenäpfe und täglich frisches Wasser.

Täglich frisches Wasser ist ein Muss!

EXTRA
Elf goldene Futterregeln

🐾 Regelmäßigkeit ist wichtig

Eine gewisse Regelmäßigkeit der Futterzeiten ist wichtig, um den Stoffwechsel des Hundes nicht unnötig durcheinanderzubringen. Füttern Sie daher also nicht wahllos, wenn Sie gerade Zeit haben. Zu große Pünktlichkeit ist allerdings auch nicht gut, da der Vierbeiner schnell eine innere Uhr entwickelt, durch die er dann sein Futter immer zur selben Zeit vehement einfordert. Ein ausgewachsener Hund sollte ein- besser noch zweimal täglich seine Mahlzeit bekommen. Achten Sie darauf, dass

Ihrem Hund nicht zu jeder Zeit Futter zur Verfügung steht. Das widerspricht seiner ursprünglichen Futtersituation. Etwa 15 Minuten nach der Fütterung sollten Sie den Rest wieder wegnehmen.

🐾 Die Menge macht's

Ein Weimaraner weiß nicht von selbst, wie viel Futter er braucht. Bieten Sie Ihrem Vierbeiner daher auf keinen Fall unbegrenzt Futter an. Bei Fertignahrung finden Sie grobe Richtwerte zu den Mengenangaben auf der Futterpackung. Überprüfen Sie aber immer auch an Ihrem Hund, ob diese Menge angemessen ist, denn häufig wird zu viel Futter angegeben. Kochen Sie selbst, fragen Sie Ihren Tierarzt nach der angemessenen Portionsgröße für Ihren Hund.

🐾 Vorsicht mit Kaltem

Gerade im Sommer ist es wichtig, frisches Hundefutter im Kühlschrank aufzubewahren, damit es nicht verdirbt. Verfüttern Sie es allerdings nur zimmerwarm. Zu kaltes Futter kann Verdauungsprobleme hervorrufen. Außerdem entfaltet Frisch- und Nassfutter seinen vollen Geschmack erst bei Zimmertemperatur. Muss es doch einmal schnell gehen, erwärmen Sie das Fressen kurz im Kochtopf, Wasserbad oder in der Mikrowelle.

🐾 Abwechslung in Maßen

Auch Hunde sind Feinschmecker und lieben Abwechslung. Die große Auswahl an Fertigfutter macht es Ihnen hier leicht. Trotzdem sollten Sie das Futter nicht zu häufig wechseln, denn das stresst den kurzen und daher störungsanfälligen Magen-Darm-Trakt des Hundes. Sie können das Grundfutter Ihres Hundes aber ruhig hin und wieder mit Karotten, Apfel, Quark, Hüttenkäse, Nudeln, Reis oder Kräutern bereichern. Beachten Sie bei der Fütterung auch das Alter, den Gesundheitszustand und die Auslastung Ihres Vierbeiners. Inzwischen gibt es für alle Ansprüche speziell zusammengesetzte Nahrung.

🐾 Langsame Futterumstellung
Führen Sie grundlegende Futterumstellungen nur langsam und schrittweise durch. Der Verdauungstrakt Ihres Hundes braucht etwa zwei Wochen, um sich an eine neue Nahrung zu gewöhnen.

🐾 Es muss nicht immer Fleisch sein
Wölfe nehmen mit dem Darminhalt ihrer Beutetiere immer auch wichtige pflanzliche Nahrung auf. Daher ist es falsch, anzunehmen, Hunde seien reine Fleischfresser. Für eine ausgewogene Ernährung benötigen sie einen gewissen Anteil an pflanzlicher Nahrung. In Fertigfutter wurde dies bereits bei der Zusammensetzung berücksichtigt. Kochen Sie selbst, mischen Sie das Fleisch am besten mit Nudeln, Reis, Gemüse oder speziellen Hundeflocken.

🐾 Betteln ist tabu
Fallen Sie nicht auf den treuen Blick Ihres Vierbeiners rein, Sie tun ihm damit nichts Gutes. Erstens erziehen Sie ihn so erst zum Betteln und zweitens bekommt Ihr Hund auf diese Weise auch schnell mal etwas Süßes, das sehr schädlich für ihn ist. Belohnen Sie ihn nur mit speziellen Hundeleckerlis.

🐾 Keine Reste vom Tisch
Geben Sie Ihrem Weimaraner nie Reste Ihrer eigenen Mahlzeit. Ihr Hund darf hier auf keinen Fall vermenschlicht werden, denn er hat ganz andere Ernährungsansprüche als Sie. Unsere stark gewürzten Speisen führen bei Vierbeinern schnell zu schweren Gesundheitsstörungen. Füttern Sie nur spezielles und ausgewogenes Hundefutter.

🐾 Finger weg von Milch
Natürlich ist Milch auch bei Hunden beliebt. Viele Tiere bekommen davon jedoch Verdauungsstörungen. Daher gilt: Keine Milch, sondern täglich frisches Wasser als Getränk anbieten.

🐾 Kein rohes Schweinefleisch
Füttern Sie kein rohes Schweinefleisch, denn dadurch kann sich Ihr Hund mit der lebensbedrohlichen Aujeszkyschen Krankheit infizieren. Die Symptome sind ähnlich wie bei der Tollwut, daher wird die Krankheit auch „Pseudowut" genannt. Schweinefleisch darf nur gut durchgekocht verfüttert werden. Rohes Rindfleisch ist dagegen unbedenklich.

🐾 Nach dem Essen sollst du ruhen
Füttern Sie Ihren Weimaraner immer erst nach einem Spaziergang. Rennen und Toben mit vollem Magen ist tabu: Schnell kommt es zu Verdauungsstörungen.

Ausstellungen

Für alle Rassehundefreunde sind Hundeausstellungen eine interessante Plattform. Bereits vor der Anschaffung eines Vierbeiners können Sie sich hier genau über eine bestimmte Rasse informieren, denn Sie erleben nicht nur etliche Vertreter live, sondern haben auch die Möglichkeit, mit Haltern und Zuchtvereinen in Kontakt zu treten und auf diese Weise Erfahrungsberichte aus erster Hand zu sammeln. Bei den Ausstellungen selbst geht es um die genaue Überprüfung und Bewertung der Hunde hinsichtlich des vorgeschriebenen Rassestandards und der durch den betreuenden Verein festgelegten Zuchtkriterien. Für einige Hundehalter ist die Teilnahme an einer Ausstellung reiner Spaß. Sie möchten solch eine Veranstaltung einfach einmal mitmachen, um nur interessehalber zu hören, wie Ihr Vierbeiner vor einem professionellen Richter abschneidet. Vielleicht hat Sie sogar der Züchter Ihres Hundes dazu überredet, schließlich ist es für den Züchter selbst wichtig und interessant zu sehen, wo sein Nachwuchs und somit auch seine Zuchtlinie steht. Viele Aussteller sind bereits in das Zuchtgeschehen involviert. Es sind langjährige und zukünftige Züchter, aber auch Deckrüdenbesitzer, die ihre Vierbeiner über die Teilnahme an Ausstellungen bekannter machen möchten.

Auf einer Hundeausstellung herrscht eine ganz besondere Atmosphäre. Das Sehen und Gesehenwerden steht in jedem Fall im Vordergrund. Die Einteilung der Hunde erfolgt in verschiedene Klassen, getrennt nach Geschlechtern und Alter. Bei der abschließenden Bewertung werden bestimmte Formwertnoten vergeben (siehe Kasten Seite 85).

Ausstellungen

Ausstellungen sind deshalb so interessant, weil hier die Vielfalt einer Rasse in ihrer ganzen Bandbreite zu sehen ist.

haupt berühren lässt. Der Umgang und das korrekte Vorführen des Hundes fließen in die Bewertung mit ein; so erkennen die Richter genau, wer mit seinem Vierbeiner das optimale Präsentieren trainiert hat. Nicht selten wird ein Ausstellungsneuling darauf hingewiesen, dass seine Führfehler der Grund für eine schlechtere Bewertung des Hundes sind, im Vierbeiner jedoch mehr Potenzial steckt. Eine gute und umfassende Vorbereitung für eine Zuchtschau bekommen Sie durch ein professionelles Ringtraining, das von manchen Hundevereinen oder auch Züchtern angeboten wird. Für die Teilnahme an einer Zuchtschau

Dabeisein ist alles

Möchten auch Sie einmal mit Ihrem Weimaraner im Ring stehen, sei es aus reinem Vergnügen oder weil Sie mit ihm züchten möchten, ist ein gutes Sozialverhalten Ihres Hundes natürlich Pflicht, schließlich wird er zunächst in einer Gruppe mit anderen Weimaranern vorgeführt. Außerdem ist eine ordentliche Leinenführigkeit schon die halbe Miete einer gelungenen Präsentation. Bei der anschließenden Einzelbewertung erfolgt die genaue Begutachtung Ihres Hundes durch den Richter: Dieser prüft neben dem Gangwerk das Stockmaß, die genauen Proportionen, Besonderheiten des Standards und die Zähne. Dieses Beurteilungsritual sollten Sie schon vorab üben, damit sich Ihr Weimaraner auch von fremden Menschen ins Maul sehen und natürlich über-

Üben Sie das korrekte Vorführen des Hundes schon zu Hause. Manche Hundeschulen bieten dazu auch ein spezielles Ringtraining an.

Haltung

sollten Sie sich aber nicht nur im Vorfeld Zeit nehmen, auch die Ausstellung selbst dauert meist einen ganzen Tag, wobei Sie die meiste Zeit sicherlich mit Warten verbringen. Wie die Hunde selbst das Ausstellungsgeschehen aufnehmen, ist unterschiedlich. Einige Vertreter scheinen sichtlich Spaß am Präsentieren und Posieren zu haben. Bei anderen Gespannen ist der Spaß am Gesehenwerden eher auf den Zweibeiner begrenzt, der Vierbeiner hingegen würde den Tag sicherlich lieber tobend im Freien verbringen. Eine gewisse Nervenstärke muss ein Weimaraner für eine Ausstellung in jedem Fall mitbringen, damit ihn die Menschen- und Hundeansammlung auf engstem Raum nicht unnötig stresst.

> **Bitte beachten Sie ...**
> *Kranke Vierbeiner sind von Zuchtschauen ausgeschlossen. Vor der Ausstellung müssen Sie die FCI-Ahnentafel und den Impfpass mit einer gültigen Tollwutimpfung Ihres Hundes vorlegen.*

Bei einer Zuchtschau verbringt der Aussteller die meiste Zeit mit Warten.

Ausstellungen

So funktioniert's

Rassen- und Klasseneinteilung
Der Weimaraner wurde von der FCI (Féderation Cynologique Internationale) in die Gruppe 7 Vorstehhunde, Sektion 1 Kontinentale Vorstehhunde Typ „Braque", mit Arbeitsprüfung eingeteilt.

Als Startklassen gibt es:

- Jüngstenklasse (6–9 Monate)
- Jugendklasse (9–18 Monate)
- Zwischenklasse (15–24 Monate)
- Offene Klasse (ab 15 Monate)
- Veteranenklasse (ab 8 Jahre)
- Gebrauchshundklasse (ab 15 Monate mit Arbeitsprüfung)
- Championklasse (ab 15 Monate für Champions und Gewinner bestimmter Titel)
- Ehrenklasse (startberechtigt nur mit dem FCI-Titel „Internationaler Schönheitschampion")

Formwertnoten
- Vorzüglich (V)
- Sehr gut (SG)
- Gut (G)
- Genügend (Ggd)
- Disqualifiziert (Disq)

Die vier besten Hunde einer Klasse werden platziert, sofern sie mindestens die Formwertnote „Sehr gut" erhalten haben.

Beurteilungen in der Jüngstenklasse
- vielversprechend (vv)
- versprechend (v)
- wenig versprechend (wv)

Weitere Wettbewerbe
Zuchtgruppe Sie besteht aus mindestens drei Hunden einer Rasse aus demselben Zwinger; die Hunde müssen am Tag der Ausstellung in der Einzelbewertung mindestens den Formwert „Gut" bekommen haben.
Paarklasse Sie besteht aus jeweils einem Rüden und einer Hündin, die Eigentum eines Ausstellers sein müssen.
Juniorhandling Dies ist ein Vorführwettbewerb für Jugendliche, der als Vorbereitung gedacht ist, Hunde auch später im Ausstellungsring zu präsentieren.
Veteranen-Wettbewerb Hier können Hunde ab dem 8. Lebensjahr starten. Es wird nach den Vorgaben des Standards besonders die Gesamtkonstitution, der Pflegezustand des Vierbeiners sowie die im Ring gezeigte Kondition beurteilt.

Der Weimaraner verkörpert laut Einteilung der FCI innerhalb der Kontinentalen Vorstehhunden Typ „Braque".

Hunde mit Arbeitsprüfung dürfen ab einem Alter von 15 Monaten in der Gebrauchshundklasse starten.

Freizeitpartner Hund ...

... im Revier, in Freizeit und Alltag

Gemeinsam mit Herrchen auf der Pirsch, das ist für einen Weimaraner das Höchste.

Der Weimaraner als Jagdbegleiter

Der Weimaraner ist ein vielseitiger Jagdgebrauchshund, der den Waidmann nicht nur in Wald und Feld, sondern auch am und im Wasser, vor und nach dem Schuss passioniert unterstützt. Bei der Feldsuche steht der intelligente Vierläufer hervorragend Niederwild vor. Die Anlage zum Vorstehen ist rassetypisch angeboren. Da der Weimaraner aber eine lange Entwicklungszeit durchläuft bis er physisch und psychisch voll ausgereift ist, zeigt er das feste Vorstehen meist erst recht spät. Grundsätzlich arbeitet er konzentriert und planvoll mit gemäßigtem Temperament. Nie zeigt er sich hektisch oder nervös. Zudem kann er sich durch seine geistige Wendigkeit sehr schnell auf neue Situationen einstellen.

Der Weimaraner ist auch ein guter, äußerst wasserfreudiger Stöberer. Bei der Entenjagd sucht er selbstständig, systematisch und ausdauernd den Schilfgürtel nach Enten ab, treibt diese aus der Dickung hoch und apportiert sie nach dem Schuss rasch aus dem Wasser. Angebleite Tiere verfolgt er sicher auf ihrer Schwimmspur. Sein „weiches Maul", also die Fähigkeit, das Wild so sanft aufzunehmen, dass es unversehrt bleibt, kommt ihm nicht nur bei der Wasserjagd zugute. Der Weimaraner kann sich allgemein hervorragend auf die unterschiedlichen Größen und Gewichte der zu apportierenden Tiere einstellen.

Der Weimaraner ist bei der Wasserjagd ein eifriger Stöberer. Nach dem Schuss zeichnet ihn sein weiches Maul aus.

Passionierter Schweißhund und Verlorenbringer

Aufgrund seines Leithunderbes arbeitet der Weimaraner sehr ausdauernd, ruhig und konzentriert mit tiefer Nase, einem großen Finderwillen sowie hoher Spur- und Fährtensicherheit. Diese Anlagen prädestinieren ihn vor allem für die Arbeit nach dem Schuss, das heißt für die Nachsuche und das Verlorenbringen. Hier kommen ihm auch seine angewölfte Wildschärfe (Raub- und Schwarzwildschärfe) zugute: Ein Großteil aller Nachsuchen sind Lebendnachsuchen, die unbedingt eine gewisse Schärfe vom Schweißhund verlangen. Häufig ist es dann nötig, auch größeres Wild nach

Auf die Schwarzwildjagd sollte der Weimaraner in einem Saugatter entsprechend vorbereitet werden.

Freizeitpartner Hund ...

Der Langhaar-Weimaraner bewährt sich sehr in schwierigem, unwegsamen Gelände.

unten zu ziehen, wovor ein Weimaraner nicht zurückschreckt. Diese Wildschärfe gepaart mit einer enormen Intelligenz, Nervenstärke und Belastbarkeit macht ihn auch zu einem zuverlässigen Helfer bei der Saujagd. Der Weimaraner geht grundsätzlich sehr überlegt und schlau an wehrhaftes Wild heran. Vor dem Einsatz bei der Schwarzwildjagd empfiehlt sich aus Sicherheits- und Tierschutzgründen trotzdem immer eine entsprechende Einarbeitung in speziellen Saugattern.

Zusätzlich zur Wildschärfe weist der größte deutsche Vorstehhund einen deutlich ausgeprägten Schutztrieb auf, der auch eine nächt-

Maßgeschneiderte Schutzwesten

Um das Verletzungsrisiko bei der Saujagd zu minimieren, gibt es seit einigen Jahren spezielle Schutzwesten für Hunde. Diese maßgeschneiderten Westen werden aus demselben Material gefertigt wie die Schutzanzüge für den Fechtsport. Insbesondere Hals und Rumpf der Hunde sind somit vor dem Angriff wehrhafter Sauen geschützt. Vierläufer mit Weste, die in der Regel in Signalfarben hergestellt werden, sind in unübersichtlichem Gelände auch wesentlich besser zu erkennen.

liche Pirsch bei Mondschein für den Waidmann absolut sicher macht. Fremde Menschen, die dem Jäger dann begegnen, werden von dem aufmerksamen Vierläufer energisch gestellt.

Weimaraner jagen zum Teil sicht- oder spurlaut. Diese Anlage wird von vielen Züchtern gefördert, denn nur lautjagende Hunde können auf Bewegungsjagden vom Stand aus geschnallt werden. Stumme Vierläufer hingegen begleiten Hundeführer oder Treiber durch die Einstände. Auch für die Schweißarbeit empfiehlt sich ein lautjagender Hund. Ein stummer Weimaraner wäre hierfür nur bedingt geeignet.

Der Weimaraner ist im Jagdeinsatz äußerst robust: Er trotzt Hitze, Kälte, Dornen und Stacheln. Sein Durchhaltevermögen ist enorm, außerdem bringt er absolute Verlässlichkeit mit. Der langhaarige Weimaraner ist ein beliebter Jagdhelfer in besonders schwierigem Gelände wie Schilfdickicht und im Wasser. Mit seinem wetterfesten Fell ist er sehr widerstandsfähig gegen Nässe und Kälte.

Methode und Umfeld müssen stimmen

Die jagdliche Ausbildung muss von Anfang an einfühlsam, partnerschaftlich und fair erfolgen. Härte und Zwang sind fehl am Platz; sie führen nur zum Vertrauensbruch mit dem Führer und zur gänzlichen Arbeitsverweigerung. Intensiver Familienanschluss ist für die positive Entwicklung des Hundes unerlässlich. Eine Zwingerhaltung ist für den Jagdgebrauchshund absolut tabu. Hat der Hundeführer den richtigen Draht zu seinem Hund, schließt sich der Weimaraner sehr eng seinem Herrn an und zeigt sich äußerst leichtführig.

Damit die Jagdeigenschaften des Weimaraners rassegerecht gefördert werden, bieten die Zuchtvereine diverse jagdpraktische Übungslehrgänge an. Zudem werden Prüfungen abge-

... im Revier, in Freizeit und Alltag

Damit Jäger und Hund optimal auf den Einsatz im Revier vorbereitet werden, halten die Zuchtvereine immer wieder jagdpraktische Übungslehrgänge und Prüfungen ab.

halten. Grundvoraussetzung für die Teilnahme an jagdlichen Prüfungen ist ein gültiger Jagdschein oder der Nachweis über die laufende Ausbildung zum Jäger. Manche vereinsinterne Seminare stehen auch Nichtjägern offen.

Als Hobby neben der Jagd liebt der temperamentvolle Weimaraner Hundesport.

Jagdliche Prüfungen für Vorstehhunde:

- VJP Verbandjugendprüfung
- HZP Herbstzuchtprüfung
- VGP Verbandsgebrauchsprüfung
- BRP Brauchbarkeitsprüfung

Alle Prüfungsordnungen sind nachzulesen unter www.jghv.de.

Für die Ausbildung junger Hunde und für die Erhaltung des Leistungsstandards erwachsener Vierbeiner während der jagdfreien Zeit, eignet sich sehr gut die Arbeit mit Dummys (= spezielle, längliche Apportiersäckchen aus verschiedenen Materialien).

Hobby Hundesport

Damit Ihr Weimaraner seine positiven Eigenschaften voll und ganz entfalten kann, ist eine angemessene Auslastung sehr wichtig. Eine Möglichkeit den intelligenten Vierbeiner neben der Jagd zu fordern ist Hundesport. Hier gibt

Begleithundeprüfung (BH)

Voraussetzung für die Ausübung einiger Sportarten (z.B. Agility, Fährtenhund) ist eine bestandenen Begleithundeprüfung. Das Mindestalter der wedelnden Prüflinge liegt bei 15 Monaten. Der Vierbeiner muss auf dem Hundeplatz verschiedene Unterordnungsübungen absolvieren; außerdem gilt es außerhalb des Platzes einen Verkehrsteil zu bestehen, der das sichere und freundliche Verhalten des Hundes gegenüber anderen Verkehrsteilnehmern und Artgenossen überprüft. Für den Hundeführer gibt es zuvor noch eine theoretische Prüfung.

Freizeitpartner Hund ...

Beim Geländelauf innerhalb des THS ist der Weimaraner besonders ausdauernd.

es ganz unterschiedliche Sportarten, die auf vielen Hundeplätzen angeboten werden. Auch im Wettkampfsport soll für alle Beteiligten stets der Spaß im Vordergrund stehen; die intensive Beschäftigung miteinander schweißen Herr und Hund schnell zu einem unzertrennlichen Dream-Team zusammen. Im Folgenden stellen wir Ihnen einige Sportarten vor, die gut für einen Weimaraner geeignet sind.

Agility
Agility ist mehr als nur ein schneller Sport. Agility festigt und vertieft die Bindung zwischen Zwei- und Vierbeinern.
Laut FCI-Reglement erfolgt eine Einteilung in drei verschiedene Starklassen je nach Größe des Hundes. Ein professioneller Parcours besteht aus 15 bis 22 Hindernissen und hat eine Länge zwischen 100 und 200 m. Bei einem Turnier sollten mindestens sieben Hürden vorhanden sein. Ein Standardprüfungssatz hat 14 Hürden zu beinhalten. Sprungkombinationen sowie eine scharfe Wendung nach dem Reifen sind nicht erlaubt. Die Bewertung erfolgt am Ende je nach Zeit, eventuellem Abwurf oder Verweigerung. Schnelligkeit und Präzision sind hierbei sehr wichtig. Daher ist ein optimales Zusammenspiel zwischen Mensch und Hund unerlässlich.

Turnierhundesport
Turnierhundesport (THS) bietet für jeden etwas, denn hier gibt es auch je nach Alter des Führers unterschiedliche Startklassen. Mensch und Hund bilden als gleichgestellte Partner ein Team; in die Endnote fließen also nicht nur die Leistungen des Vierbeiners, sondern auch die des Zweibeiners mit ein. Innerhalb des Turnierhundesports gibt es verschiedene, abwechslungsreiche Wettbewerbsformen wie Hindernislauf-Turniere, Vierkampf (Gehorsam, Hürden-, Slalom und Hindernislauf), Geländelauf (2000 m/5000 m), Combination Speed Cup (CSC; Mannschaftswettkampf, in dem drei Mannschaftsmitglieder in einem in drei Sektionen eingeteilten Parcours als Staffel laufen), Shorty (Kurz-Bahn-„CSC" für Zweier-Mannschaften mit zwei Geräte-Sektionen) und Qualifikations-Speed-Cup („QSC"; Wettkampf nach dem K-o.-System auf zwei baugleichen Parcours).

Fährtenarbeit
Bei der Fährtenarbeit lernt ein Hund, einer menschlichen Spur anhand der Bodenverwundung durch die Fußabdrücke in natürlichem Gelände zu folgen. Die Einweisung des Vierbeiners erfolgt am Anfang, dem sogenannten

Der „Bringselverweiser" zeigt einen Fund an, wenn er das Bringsel in der Schnauze trägt. Das Bringsel kommt bei Such- und Rettungshunden, aber auch bei der Jagd zum Einsatz.

... im Revier, in Freizeit und Alltag

Ansatz der Fährte mit dem Kommando „Such". Der Führer ist mit einer 10-m-Leine mit dem Hund verbunden. Der Vierbeiner trägt bei dieser Arbeit ein spezielles Geschirr. Je nach Schwierigkeitsgrad sind in die zu verfolgende Spur spitze und stumpfe Winkel sowie kreuzende Fremdfährten (Verleitungen) eingebaut. Findet der Vierbeiner unterwegs Gegenstände von seinem Herrn, muss er diese beispielsweise durch Ablegen anzeigen (verweisen). Der Führer zeigt dem Richter den Gegenstand und setzt den Hund erneut auf der Fährte an; am Ende der Spur winkt der wedelnden Supernase eine tolle Belohnung.

Dummy-Arbeit

Für die Ausbildung junger Hunde und für die Erhaltung des Leistungsstandards erwachsener Vierbeiner während der jagdfreien Zeit, eignet sich sehr gut die Arbeit mit Dummys

Mithilfe der Dummy-Arbeit kann der Leistungsstandard eines Weimaraners während der jagdfreien Zeit erhalten werden.

(= spezielle, längliche Apportiersäckchen aus verschiedenen Materialien). Etliche Hundevereine bieten hierfür extra Dummy-Kurse an. Für den reinen Familienhund ist die Dummy-Arbeit eine sinnvolle Alternative zum Jagdgebrauch. Das Dummy ist dabei der Ersatz für Federwild. Die diversen Such- und Apportieraufgaben orientieren sich stark am echten Jagdeinsatz (inkl. Wasserarbeit mit Dummy). Inzwischen gibt es Dummy-Wettkämpfe auf verschiedenen Leistungsebenen. Voraussetzung für die Dummy-Arbeit ist ein guter Grundgehorsam. Das Training mit dem Bringsel lässt sich gut in die täglichen Spaziergänge integrieren. Schon Welpen können spielerisch an die Dummy-Arbeit herangeführt und somit rassegerecht gefordert werden.

Trickdogging

Immer mehr Hundeschulen bieten Kurse oder Workshops in Trickdogging an. Dabei werden Gehorsamkeitsübungen mit Spaßlektionen verbunden. Die vierbeinigen Schüler lernen kleine Kunststückchen und Spiele, die der Hundeführer auf Spaziergängen oder bei schlechtem Wetter im Haus ganz einfach „abfragen" kann. Hier ist also Kopfarbeit gefragt. Im Mittelpunkt steht immer der Spaß und nicht die perfekte Leistung. Die Palette der Übungen ist groß: winken, verbeugen, „give me five", das schnurlose Telefon bringen oder ein Taschentuch aus der Hose ziehen sind nur einige wenige Beispiele. Da dieses Training individuell auf jeden einzelnen Vierbeiner zugeschnitten werden kann, ist es auch gut für ältere Weimaraner, Hunde mit Handicap oder ängstliche Hunde geeignet.

> **Bitte beachten Sie ...**
>
> *Nicht jeder Hund ist für jede Sportart zu begeistern. Suchen Sie die Beschäftigung mit Ihrem Vierbeiner nach seiner individuellen Vorliebe, seinem Gesundheitszustand und seiner allgemeinen Fitness aus. Nehmen Sie auch Wettkampfsport nicht allzu ernst: Drill und übertriebener Ehrgeiz haben hier nichts zu suchen. Der Spaß soll bei diesem Teamwork immer an erster Stelle stehen. Betrachten Sie Trainer ebenfalls unter diesem Gesichtspunkt: Nehmen Sie Abstand von strengen, autoritären Unterrichtsmethoden. Humorvolle Motivationen sind das A und O einer optimalen Vertrauensbeziehung zwischen Ihnen und Ihrem Hund. Nur so macht Ihrem Vierbeiner die Zusammenarbeit mit Ihnen Spaß und nur so ist sie Erfolg versprechend.*
>
> *Hundesportplätze und -vereine in Ihrer Nähe finden Sie über das Internet. Auch Tierschutzvereine, Tierärzte, Zoogeschäfte oder andere Hundebesitzer in Ihrer Umgebung sind geeignete Ansprechpartner auf der Suche nach einer passenden Trainingsmöglichkeit. Bevor Sie sich endgültig für einen Hundeplatz entscheiden, ist ein mehrmaliges Zuschauen vorab sowie Gespräche mit Trainern und Teilnehmern empfehlenswert. Haben Sie die Möglichkeit, sehen Sie sich am besten gleich mehrere Übungsplätze näher an. Ebenfalls hilfreich für die Entscheidungsfindung ist die Teilnahme an einer Probestunde. Wichtig ist, dass die Kursleiter individuell auf jede Hundepersönlichkeit eingehen.*

Beim Trickdogging werden Spaßlektionen mit Gehorsamkeitsübungen kombiniert.

Obedience

Obedience ist ein Gehorsamstraining, das ausschließlich über die Futter- bzw. Beutemotivation oder mittels Clicker aufgebaut wird. Hier sind Einfühlungsvermögen und Geduld gefragt; der Hund muss viel Kopfarbeit leisten. In der Bewertung zählen die perfekte und schnelle sowie freudige Ausführung durch den Vierbeiner. Obedience beinhaltet Übungen wie „Sitz", „Platz", „Steh", „Bleib", „Bei-Fuß"-Laufen und Apportieren. Einige Lektionen müssen auf Distanz gezeigt werden, beispielsweise das Vorausschicken über eine Hürde und das anschließende Bringen eines Apportierholzes mit erneutem Hindernissprung. Obedience ist Perfektion und Spaß zugleich. Es stellt jedoch sehr hohe Ansprüche an Hund und Führer. Bei der Ausbildung ist viel Fantasie für die richtige Motivation des Vierbeiners gefordert.

Sportbegleiter Weimaraner

Unterwegs mit dem Fahrrad

Weimaraner sind sehr aktive, ausdauernde Hunde, die sichtlich Spaß daran haben, ihre Leute bei sportlichen Aktivitäten zu begleiten. Vierbeinige Bewegungsfetischisten wie die Weimaraner freuen sich über eine Fahrradtour genauso wie Herrchen und Frauchen, die sich in ihrer Freizeit körperlich fit halten wollen. Grundvoraussetzung für die ungefährliche Mitnahme eines Hundes am Rad ist natürlich ein gewisser Gehorsam: Das sichere Herkommen auf Zuruf, gute Leinenführigkeit und einwandfreies Bei-Fuß-Gehen sind ein absolutes Muss für einen ungefährlichen Radausflug mit Ihrem Weimaraner. Führen Sie einen ungeübten Hund langsam an das Laufen neben dem Fahrrad heran, denn auch er muss erst allmählich seine Kondition aufbauen. Bremsen Sie einen zu überschwänglichen Vierbeiner unbedingt ein, er könnte sich leicht selbst

Der sportliche Weimaraner begleitet seine Leute gerne beim Fahrradfahren.

Tipp!

Ausdauersportarten, bei denen der Hund länger läuft, sind nur für gesunde, nicht zu schwere und nicht zu alte Hunde geeignet; auch junge Vierbeiner müssen mit Rücksicht auf ihre weichen Knochen noch geschont werden: Gewöhnen Sie Ihren wedelnden Freund erst ab einem Alter von einem Jahr langsam an längere Strecken.

überschätzen, schließlich ist eine Radtour für den Hund deutlich anstrengender als für den Radler. Meiden Sie außerdem große Hitze. Halten Sie Ihren rennenden Kameraden vom Fahrrad aus an der Leine, wickeln Sie die Leine aus Sicherheitsgründen nie um den Lenker, sondern nehmen Sie diese so in der Hand, dass Sie im Notfall schnell loslassen können. Eine Alternative besteht im Springerbügel: Hier haben Sie die Hände frei und am Lenker, während Ihr Weimaraner mit einem Kurzführer an einem gefederten Halter am Rad befestigt ist; eine Sicherheitsvorrichtung sorgt dafür, dass sich die Leine samt Hund im Notfall vom Rad löst und Sie so nicht gefährdet. Sie als Radler sollten bei einer Fahrradtour immer einen geeigneten Helm tragen.

Viel Spaß am laufenden Band
Nach wie vor sind **Joggen**, **Walken** und **Nordic Walking** die Renner unter den Outdoorsportarten. Wie immer gilt für Mensch und Hund: geteiltes Vergnügen ist doppelte Freude. Vergessen Sie selbst bei gut folgenden Hunden nie, eine Leine für den Notfall mitzunehmen. Leinen Sie jagdbegeisterte Vierbeiner im Wald mit Rücksicht auf Wildtiere an. Damit der Jogger die Hände frei hat, hält der Fachhandel inzwischen spezielle Jogging-Leinen und -Gürtel bereit; in Letzteren wird die Leine einfach eingehängt. Natürlich muss Ihr

Er ist für Outdoorsportarten aller Art zu haben.

Weimaraner so gut erzogen sein, dass er nicht ungestüm an der Leine zieht. Planen Sie eine größere Runde mit Pause, vergessen Sie etwas Wasser für Ihren Vierbeiner nicht. Lassen Sie ihn allerdings nicht zu viel davon trinken, damit er durch das Rennen mit vollem Bauch keine Magendrehung bekommt.

Inlineskaten mit dem Weimaraner
Nicht weniger sportlich geht's beim Inlineskaten zu. Damit dieser schnelle Sport mit Ihrem Weimaraner jedoch nicht gefährlich wird, sollten Sie sich erst gemeinsam auf die „Piste" wagen, wenn Sie ein wirklich sicherer Skater sind und Ihr Vierbeiner absolut zuverlässig gehorcht. Außerdem ist diese Sportart nur für gut trainierte Hunde geeignet, da der Skater sehr schnell ein relativ hohes Tempo erreicht, dem der Vierbeiner dann standhalten muss. Respektieren Sie unbedingt die Grenzen Ihres Weimaraners. Ein Sprint zwischendurch ist erlaubt, aber fahren Sie nicht ständig am (Tempo-)Limit. Neben einer speziellen Skaterausrüstung für den Zweibeiner, ist für den Hund, zumindest für den Notfall, eine Leine sowie ein Geschirr empfehlenswert.

Keinen Sport mit vollem Bauch

Wegen der Gefahr einer Magendrehung darf ein Hund grundsätzlich vor sportlichen Aktivitäten nichts zu fressen bekommen. Füttern Sie ihn auch nicht unmittelbar danach, sondern erst nach einer ca. 20-minütige Erholungspause: Eine große, gierig verschlungene Portion kann zusätzlich Kreislauf belastend sein und schwer im Magen liegen.

... im Revier, in Freizeit und Alltag

> **Tipp!**
>
> *Nehmen Sie als Hundebesitzer Rücksicht auf andere Spaziergänger, Jogger und Radfahrer: Rufen Sie Ihren Vierbeiner ab und lassen Sie ihn kurz bei Fuß gehen, bis Jogger oder Radler vorüber sind. Dies ist zugleich ein gutes Erziehungstraining.*

Probier's mal mit Gemütlichkeit

Sind Sie kein Freund von flotten Sportarten, probieren Sie es mal mit einer ruhigeren **Wanderung**. Da jedoch auch hier von Zwei- und Vierbeinern Ausdauer gefragt ist, müssen Sie das Training hier wieder erst langsam aufbauen. Packen Sie für längere Touren neben einer eigenen Brotzeit auch Trinkwasser und, je nach Dauer, eine kleine Futterration sowie einen Napf für Ihren Weimaraner ein. Vergessen Sie außerdem ein Erste-Hilfe-Notfallset nicht. Längere Bergtouren bedürfen einer größeren Vorbereitung; sicheres Kartenlesen ist dabei schon eine wichtige Grundvoraussetzung. Klären Sie bei Mehrtagestouren unbedingt vorab, ob Ihr Vierbeiner auch in Hütten übernachten darf.

Rund ums Spielen

Warum Spielen so wichtig ist

Jedes junge Tier spielt gerne, denn Spielen macht Spaß, aber nicht nur das: Im Spiel lernt ein Vierbeiner fürs Leben und zwar sein Leben lang. Schon Welpen lernen spielerisch ihre Umwelt kennen, lernen aus guten und schlechten Erfahrungen. Aber auch die Rangordnung innerhalb des Hunderudels und später innerhalb der Familie wird spielerisch ausgetestet. Das Spiel mit Artgenossen legt für Welpen den Grundstein zu einem normal entwickelten, ausgeglichenen Sozialverhalten. Spielen ist aber nicht nur für junge Hunde wichtig. Im Grunde kann ein Vierbeiner bis ins hohe Alter spielerisch lernen. Erwachsene Hunde testen untereinander ebenfalls immer wieder im Spiel ihre Rangordnung aus. Sehr selbstbewusste Tiere versuchen oft innerhalb

Es darf auch mal gemütlicher zugehen. Dafür zeigt der Weimaraner auf Wanderungen große Ausdauer.

Freizeitpartner Hund ...

Welpen entdecken spielerisch ihre Umgebung und lernen viel daraus.

ihrer Familie durch schelmische Tricks ihre Grenzen und ihren Stand in der Familie auszuloten. Lassen Sie sich nicht einwickeln, sonst haben Sie schnell verspielt. Auch veränderte Lebensbedingungen oder unbekannte Gegenstände werden noch von erwachsenen Hunden spielerisch erforscht. Häufiges Spielen schult außerdem das Gehirn des Vierbeiners. So belegen Studien, dass Hunde, die in ihrer Welpenzeit kaum Eindrücke sammeln konnten, ihr Leben lang weniger aufnahmefähig sind als Artgenossen, die zwar von den Erbanlagen her nicht so intelligent sind, dafür aber mehr gefördert wurden. Vierbeiner, denen mehr geboten wird, können sich auch nachweislich besser konzentrieren.

Junge Hunde erfahren durch ausgelassenes Toben nach Erziehungseinheiten eine tolle Belohnung. Sie dürfen nun ihren, durch die Anspannung des Lernens aufgestauten Energien so richtig freien Lauf lassen und entspannen sich somit wieder. Gehen Sie die Erziehung Ihres Weimaraners spielerisch an, wirkt dies sehr motivierend auf den Vierbeiner, denn der Spaß kommt dabei nie zu kurz. Außerdem entwickelt sich ein intensives Vertrauensverhältnis zwischen Ihnen und Ihrem Hund. Regelmäßige Spielstunden schweißen Sie und Ihren Weimaraner zu einem richtigen Dream-Team zusammen. Auf diese Weise bleibt Ihr wedelnder Kamerad auch im Alter lange körperlich und geistig fit. Schüchterne Vertreter

10 Spielregeln für Sie und Ihren Weimaraner

Spielen macht Spaß, allerdings nur, wenn sich alle Mitspieler an bestimmte Regeln halten. Im Zusammenspiel mit Ihrem Weimaraner bleiben Sie immer der Chef, der auch dafür sorgt, dass Ihr cleverer Vierbeiner nicht still und heimlich Ihre Autorität untergräbt.

- *Sie bestimmen Zeitpunkt und Ort.*
- *Sie sind der Spielzeug-Verwalter.*
- *Kein Tauziehen mit sehr selbstbewussten Rambos.*
- *Nach dem Füttern herrscht Spielverbot (Magendrehung).*
- *Lassen Sie Ihren Hund während des Spiels keine großen Mengen trinken (Magendrehung).*
- *Nicht in der größten Mittagshitze spielen.*
- *Auf ausreichende Ruhephasen achten.*
- *Belohnen Sie nicht nur mit Leckerli, sondern auch mit Stimme, Streicheln und Spielzeug.*
- *Sie legen das Spielende fest.*
- *Hören Sie auf, wenn's am Schönsten ist!*

... im Revier, in Freizeit und Alltag

Das Spiel mit Artgenossen ist auch für erwachsene Hunde noch sehr wichtig.

Vorsicht mit Zerrspielen! Ein sehr selbstbewusster Hund kann hier einen Sieg leicht missverstehen und als allgemeinen Gewinn innerhalb der familieninternen Rangordnung deuten.

gelangen durch einfache Spiele, die Erfolge bringen, zu einem neuen, gestärkten Selbstbewusstsein. Spielen ist für Hunde jeden Alters also in den unterschiedlichsten Bereichen wie ein Lebenselixier, ohne das sie auf Dauer physisch und psychisch verkümmern würden.

Lustige Hundespiele

Apportieren mit Köpfchen Beherrscht Ihr Weimaraner das Kommando „Apport", hat er sichtlich Spaß daran, Ihnen im Alltag Dinge zu transportieren. Als eingespieltes Team können Sie Ihrem Vierbeiner in Zukunft eine tragende Rolle auf Spaziergängen und kleinen Einkaufstouren zukommen lassen. Beim ersten Morgenspaziergang wird Ihr haariger Helfer stolz wie Oskar die Tageszeitung vom Kiosk nach Hause tragen. Außerdem kann er Ihnen die Pantoffeln bringen oder, auf einem Spaziergang bei trübem Wetter einen kleinen Schirm tragen. Für die Gartenarbeit bringt Ihnen Ihr wedelnder Gentleman gerne die Gummihandschuhe oder eine kleine Gießkanne. Mit etwas Geduld und Einfühlungsvermögen können Sie Ihrem Weimaraner auch bei-

Auch Abwurfstangen apportiert ein Weimaraner gern.

Vorsicht mit härteren Bällen!

Geben Sie einem jagdlich geführten Weimaranern keine härteren Bälle (z. B. Tennisball) als Spielzeug, denn diese führen zu einem ungewollt „harten Maul" und gegebenenfalls zum Knautschen. Viel besser geeignet sind spezielle Fell- und Wasserdummys.

Freizeitpartner Hund ...

> **Wichtige Auflockerung**
>
> *Trainieren Sie immer nur in kurzen Sequenzen, denn Ihr Hund muss sich beim Erlernen von Kunststückchen sehr konzentrieren. Schließen Sie stets mit einem Erfolgserlebnis ab und lockern Sie die einzelnen Lernschritte durch ausgelassene Spiele auf. Auch ein zwischenzeitliches Toben im Garten macht den Kopf wieder frei für die Aufnahme neuer „Befehle".*

bringen, bestimmte Gegenstände auseinanderzuhalten und auf Kommando zu apportieren. Hat er eine Aufgabe erfolgreich beendet, dürfen natürlich ausgiebiges Loben und ein Leckerli nicht fehlen.

Mit Leckerlis ans Ziel Binden Sie ein Stück Fleisch oder Pansen an eine Schnur und ziehen Sie damit eine Spur durch den Garten. Bauen Sie dabei auch Kurven oder Schlangenlinien ein. Führen Sie diesen Parcours an markanten Stellen wie beispielsweise Bäumen oder Büschen vorbei, damit Sie die Nasenleistung Ihres Weimaraners anschließend gut nachvollziehen können. Ihr Hund darf diese Vorbereitungen nicht mitverfolgen. Dann zeigen Sie Ihrem Vierbeiner den Anfang der Spur und fordern ihn mit dem Befehl „Such" auf, ihr zu folgen. Kommt Ihr Weimaraner von der Fährte ab, schimpfen Sie ihn nicht, sondern setzen Sie ihn erneut darauf an und motivieren Sie ihn mit eigener Begeisterung. Folgt er eifrig der Spur, loben Sie ihn ausgiebig. Am Ende der Fährte belohnen Sie ihn mit einem Leckerli oder einem Stück Wurst. Geben Sie einem jagdlich geführten Weimaraner keinesfalls das „Schleppmaterial", denn sonst kann sich der Hund leicht zum „Anschneider" (= Anfressen des Wildes) entwickeln.

Viel Spaß im kühlen Nass Eine apportierfreudige Wasserratte wie der Weimaraner holt begeistert Spielzeug aus dem Wasser. Hierfür gibt es im Fachhandel inzwischen spezielles, schwimmendes Neoprenspielzeug. Ein verlockendes, in flaches Wasser geworfenes Leckerli lädt zu einem kurzen Tauchgang ein. Haben Sie kein Naturgewässer in der Nähe, kann auch eine Plastikwanne oder ein Kinderplanschbecken für kleine Tauch- und Planschabenteuer herhalten. Sichern Sie den rutschigen Boden jedoch mit einer Duschwanneneinlage ab.
Werfen Sie Ihrem wedelnden Begleiter im flachen Wasser einen weichen oder aufblasbaren Ball zu, den er dann wieder zu Ihnen zurückstupsen soll. Ist das Wasser tiefer müssen Sie beide schwimmend agieren.

Abwechslung für Schnüffelnasen Weimaraner sind wahre Supernasen, die sich für

Der vierbeinige Wasserfetischist liebt es, Spielzeug aus dem Wasser zu apportieren.

Fährten im Garten sind schnell vorbereitet und für einen Weimaraner ein großer Spaß.

... im Revier, in Freizeit und Alltag

Erste-Hilfe-Tipp

Hat Ihr Hund doch einmal aus Versehen ein gefährliches spitzes oder scharfes Teil gefressen, füttern Sie als Erste-Hilfe-Maßnahme sofort rohes Sauerkraut; dies wickelt sich im Verdauungstrakt um den Gegenstand, sodass dieser, meist ohne weitere Schäden anzurichten, wieder ausgeschieden wird. Kontaktieren Sie zur Sicherheit aber trotzdem auch Ihren Tierarzt.

Stöckchen können leicht splittern und zu schweren Verletzungen im Maul führen.

Schnüffelspiele absolut begeistern. Geben Sie beispielsweise ein paar Wurststückchen in ein Marmeladenglas mit Schraubdeckel. Stechen Sie einige Duftlöcher in den Deckel, verstecken Sie das Glas und lassen Sie Ihren Hund danach suchen. War er erfolgreich, bekommt er zur Belohnung die Wurst.

Fortgeschrittene Vierbeiner können nach bestimmten Gegenständen suchen, die nach Ihnen riechen wie etwa Geldbeutel, Handschuh oder Schlüsselbund. Nehmen Sie auf einem Spaziergang unbemerkt vom Hund einen Tannenzapfen auf, reiben Sie ihn in Ihren Händen, werfen Sie ihn wieder weg und schicken Sie Ihre Supernase auf Streife. Loben sie, wenn er die richtige Richtung einschlägt. Hat er den Zapfen gefunden und nimmt er ihn auf, loben Sie ihn ausgiebig. Am Ende winkt natürlich ein Leckerli. Eine Abwandlung des Spiels besteht darin, dass Ihr Weimaraner aus einem ganzen Haufen von Tannenzapfen den herausfinden soll, den Sie vorher in der Hand hatten. Auch eine Leberwurstfährte kommt immer gut an. Mischen Sie hierfür etwas Leberwurst mit

Gefährliches Hundespielzeug!

- ☠ Gefährlich für Hunde ist Kinderspielzeug wie Bausteine oder Stofftiere mit Glasaugen oder Knöpfen, die schnell abgerissen und gefressen sind.
- ☠ Alle spitzen und scharfkantigen Gegenstände sind als Hundespielzeug absolut ungeeignet; dies gilt auch für Spielzeug, in dem spitze Teile wie Nägel oder Drähte eingearbeitet sind.
- ☠ Ebenfalls absolut tabu sind Schnüre, dünne Nylonstrümpfe, Plastikbecher oder Luftballons.
- ☠ Verboten sind Äste von giftigen Sträuchern sowie lackierte Dinge.
- ☠ Zu schweren Verletzungen können Materialien führen, die leicht splittern oder zerbrechen, wie bestimmte Holzarten, Glas, Keramik oder manche Kunststoffteile.

Bei all diesen Dingen drohen dem Hund nicht nur schwere Verletzungen im Maul, sondern auch im Magen-Darm-Trakt. Im schlimmsten Fall kann Ihr Vierbeiner ersticken oder einen Darmverschluss bekommen.

Freizeitpartner Hund ...

Mit einem gut erzogenen Weimaraner kann man sich überall sehen lassen.

Wasser und tropfen Sie damit unbemerkt vom Hund eine Spur auf den Boden, der Ihr Vierbeiner dann folgen muss. Am Ende der Fährte hat er ein kleines Leckerli verdient.

Der gemeinsame Alltag

Ein wohlerzogener Weimaraner ist im Alltag ein toller Begleiter. Besuchen Sie beispielsweise Freunde, freuen sich diese sicherlich über einen schwanzwedelnden Gute-Laune-Macher, der Stimmung und Schwung in die Bude bringt. Der gemeinsame Gang in ein Restaurant sowie das brave unter dem Tisch Liegen versteht sich für einen vierbeinigen Gentleman von selbst. Mit einem vorbildlichen Hund sind Sie ein gern gesehener Gast, der fast schon negativ auffällt, wenn er einmal ohne seinen haarigen Begleiter kommt. Die mittägliche Einkehr wird Ihrem Weimaraner versüßt, wenn er genüsslich eine Knabberstange kauen darf. Ein anschließender Verdauungsspaziergang tut nicht nur Ihnen, sondern auch Ihrem Vierbeiner gut.

Etliche Hunde sind wahre Autofetischisten, die einfach nur gerne mitfahren. Achten Sie hier unbedingt auf die ausreichende Sicherung Ihres Vierbeiners, ansonsten kann es im Falle eines Unfalls nicht nur gefährlich, sondern auch teuer werden, denn Tiere gelten im Auto rechtlich gesehen als Ladung. Sicherungssysteme gibt es inzwischen viele, doch leider sind nicht alle wirklich empfehlenswert. Achten Sie bei der Auswahl am besten auf vorliegende Ergebnisse von Crashtests oder DIN-Prüfungen. Auch der ADAC hat eine Liste mit Vor- und Nachteilen unterschiedlicher Sicherungseinrichtungen wie Spezialsicherheitsgurte, Trenngitter, Transportboxen & Co. herausgegeben.

Natürlich kann Sie Ihr Weimaraner bei vielen weiteren Aktivitäten begleiten: Zum Beispiel bei einem Ausflug an einen Badesee oder im Winter zum Langlaufen. Vielleicht haben Sie auch einen hundefreundlichen Chef, der sich über einen vierbeinigen Mitarbeiter mit Aufgabenschwerpunkt „Verbesserung des Betriebsklimas" freut. Wichtig ist bei allem, dass Sie Ihren Hund ganz behutsam an die jeweils neue Situation heranführen. Sparen Sie dabei nie mit Lob. Trauen Sie ihm andererseits aber auch außerhalb Ihrer vier Wände ruhig ein ordentliches Auftreten zu. Nur Mut!

Haben Sie Mut für gemeinsame Unternehmungen, denn Ihr Weimaraner liebt es, Sie zu begleiten.

Hundesitter und -tagesstätten

Immer wieder einmal wird es vorkommen, dass Sie Ihren Weimaraner nicht mitnehmen können. Wenn Sie länger als fünf Stunden abwesend sind, sollten Sie Ihren Vierbeiner bei einem Hundesitter unterbringen. Idealerweise finden Sie jemanden im Freundes- oder Verwandtenkreis, der Ihren Weimaraner liebt und bei dem sich auch Ihr Hund wohlfühlt. Ist dieser Fall für Sie unrealistisch, fragen Sie andere Hundebesitzer, die Sie täglich beim Spaziergang treffen. Vielleicht kennt jemand eine hundebegeisterte Person, die selbst keinen Vierbeiner halten kann, aber hoch erfreut über gelegentlichen Hundebesuch ist. Häufig sind Tiersitter auch Tierärzten, Tierschutzvereinen, Hundeschulen, Zoofachhändlern oder Ihrem Züchter bekannt. Empfehlenswert ist ebenfalls der Blick in die Kleinanzeigen Ihrer Tageszeitung oder ins Internet.

Möchten Sie Ihren Weimaraner lieber von einem Profi betreuen lassen, wenden Sie sich an eine Hundetagesstätte; hier sind meist mehrere Vierbeiner gleichzeitig „geparkt". Für gut sozialisierte Hunde ist dieser Aufenthalt ein großer Spaß, da sie hier viel Kontakt mit

Am besten lernen sich Pfleger und Hund schon vorab auf gemeinsamen Spaziergängen kennen.

Artgenossen bekommen. Sensiblere Vertreter fühlen sich eventuell bei einem privaten Betreuer wohler, denn er kümmert sich ganz individuell ausschließlich nur um ihn. Tagesstätten sind häufig Hundepensionen oder -hotels angegliedert. Der Aufenthalt hier ist in der Regel teurer als bei einer privaten Stelle. Andererseits können Sie in professionellen Betrieben oftmals Extras buchen wie Erziehungstraining, Tierarztbesuche oder Wellnessprogramme. Nehmen Sie sich auf alle Fälle viel Zeit für die Suche und Auswahl eines geeigneten Hundesitters. Sehen Sie sich vor Ort genau um und beobachten Sie gut, wie Mensch und Hund miteinander umgehen und aufeinander reagieren. Nur wenn ein optimales Vertrauensverhältnis gegeben ist, werden sich beide Seiten wohlfühlen. Und nur dann können Sie beruhigt auch mal ohne Ihren Weimaraner unterwegs sein. Wichtig ist außerdem, den Vierbeiner möglichst frühzeitig an die Unterbringung bei anderen Personen zu gewöhnen, dann fällt ihm später die vorübergehende Trennung von Ihnen nicht so schwer.

Ein Artgenosse in der Pflegestelle kann einem Weimaraner die vorübergehende Trennung von seiner geliebten Familie erträglicher machen.

... im Urlaub

Im Urlaub wachsen Zwei- und Vierbeiner durch tägliche gemeinsame Aktivitäte besonders eng zusammen.

Mit dem Weimaraner auf Reisen

Dabeisein ist für einen Weimaraner alles, daher gibt es für ihn auch nichts Schöneres als Sie im Urlaub zu begleiten. Ein sicherer Garant für eine erholsame Reise ist in erster Linie eine gute Organisation im Vorfeld. Möchten Sie ins Ausland fahren, sprechen Sie unbedingt vor Ihren Ferien mit Ihrem Tierarzt; er wird Sie beraten und aufklären und Ihnen alle erforderlichen Medikamente mitgeben. Vergessen Sie nicht, den auf dem Mikrochip des Hundes enthaltenen Code spätestens vor einer geplanten Reise bei einem Tierregister (siehe Seite 126 „Hilfreiche Adressen") eintragen zu lassen, damit Ihr Vierbeiner im Falle eines Verschwindens schneller wiedergefunden werden kann. Besorgen Sie rechtzeitig alle Grenzpapiere, fehlendes Reisezubehör und Hundefutter.

Haben Sie einen hundefreundlichen Urlaubsort gefunden, geht es an die Suche einer geeigneten Unterkunft. Wollen Sie ein All-Inclusive-Paket buchen, sind Sie mit einem tierfreundlichen Hotel gut beraten. Inzwischen gibt es sogar richtige Hundehotels, in denen sich Herr und Hund gleichermaßen verwöhnen lassen können. Außerdem werden Hotels mit angegliederter Hundeschule immer beliebter. Gerade Singles treffen hier viele Gleichgesinnte und knüpfen schnell Kontakte.

Lieben Sie es dagegen ruhiger, sind Sie gern flexibel und können gut auf Luxus verzichten, empfiehlt sich ein Ferienhaus oder -wohnung. Hier sind Sie Ihr eigener Herr und haben für sich und Ihren Weimaraner viel Platz. Urige Camping- und Hüttenaufenthalte sowie Trekkingtouren mit Hund stellen für abenteuerlustige Outdoorfreaks eine reizvolle Alternative zum herkömmlichen Urlaub dar. Erkundigen Sie sich aber unbedingt vorab, ob Ihr Vierbeiner auch wirklich willkommen ist. Über das Internet oder das Tourismusbüro Ihres ausgewählten Ferienortes bekommen Sie entsprechende Adressen und Informationen.

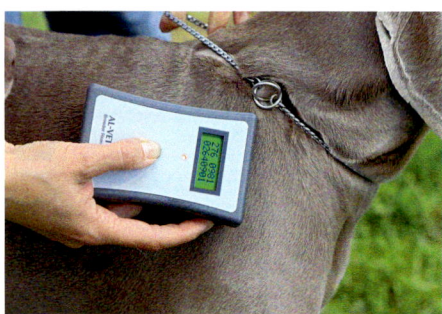

Lassen Sie den Code des Mikrochips unbedingt bei einem Tierregister eintragen.

... im Urlaub

Gerade wenn Sie mehrere Hunde halten, ist ein Ferienhaus empfehlenswert.

Beachten Sie, dass ein Hund im Auto vorschriftsmäßig gesichert sein muss.

Welches Verkehrsmittel nehmen?

Zu einer guten Urlaubsorganisation gehört auch die Wahl des passenden Verkehrsmittels. Je nach Land und gewähltem Verkehrsmittel gibt es für die Mitnahme eines Hundes einiges zu beachten, schließlich soll schon die Anreise für alle Beteiligten stressfrei und entspannend sein. Am beliebtesten ist sicherlich die Fahrt mit dem Auto. Ihr Weimaraner benötigt hier unbedingt einen eigenen Platz, an dem er vorschriftsmäßig gesichert ist. Achten Sie außerdem auf ausreichend Kühlung sowie Frischluft und Wasser. Vermeiden Sie jedoch Zugluft, denn die kann zu schweren Augenentzündungen und Erkältungen führen. Regelmäßige Gassi- und Trinkpausen sind ein Muss; halten Sie dafür immer Wasserflasche und -napf griffbereit. Füttern Sie Ihren Hund zuletzt maximal vier Stunden vor Reiseantritt, ansonsten liegt ihm sein Futter unterwegs schwer im Magen. Führt Ihre Strecke über Bergstraßen, bieten Sie Ihrem Vierbeiner bei häufigem Gähnen oder Hecheln ein paar Leckerli oder einen Kauknochen an, damit sich der unangenehme Druck auf den Ohren löst. Planen Sie auf jeden Fall genug Zeit für die Anreise ein, eventuell sogar mit Zwischenübernachtungen. Die besten Reisezeiten sind morgens und abends, eventuell sogar nachts. Versuchen Sie, Staugebiete zu umfahren. Kommen Sie trotzdem in einen Stau, verlassen Sie bei nächster Gelegenheit lieber die Autobahn für einen Spaziergang, bis sich der Stau wieder aufgelöst hat.

Mit der Bahn unterwegs

Für die Fahrt in einem öffentlichen Verkehrsmittel ist ein guter Benimm Ihres Weimaraners eine selbstverständliche Grundvoraussetzung. Auch eine gewisse Nervenstärke ist von Nöten, denn nicht nur auf dem Bahnsteig, sondern auch im Zug selber muss Ihr vierbeiniger Begleiter häufig mit Menschenmengen und großer Enge fertig werden. Unternehmen Sie vor der Abreise noch einen langen Spaziergang, damit Ihr Hund nicht nach einiger Zeit im Zug unruhig wird. Längere Aufenthalte sind für kleine Pinkelpausen nützlich. Stecken

> **Tipp!**
> *Wenn Sie selbst eine kurze Pause benötigen, lassen Sie Ihren Hund an heißen Tagen nie im Auto zurück. Auch geöffnete Fenster verhindern nicht die enorme Aufheizung des Autos, das für den Vierbeiner schnell zur quälenden und tödlichen Falle werden kann.*

Freizeitpartner Hund ...

Tipp!

In Österreich und der Schweiz gelten für die Beförderung von Hunden ähnliche Bestimmungen wie in Deutschland. Nähere Informationen erhalten Sie bei der Österreichischen Bundesbahn (ÖBB) unter **www.oebb.at** *bzw. der Schweizer Bundesbahn (SBB) unter* **www.sbb.ch**.

Sie für den Notfall ein Kottütchen ein. Lassen Sie Ihren Weimaraner nie auf dem Bahnsteig frei laufen: Leicht könnte er durch das Treiben dort in Panik geraten und entwischen. In der Bahn ist ebenfalls Leinenzwang angesagt. Hunde in der Größe eines Weimaraners müssen einen Maulkorb tragen (außer Blindenhunde) und benötigen eine Kinderfahrkarte. Platzreservierungen gibt es für Hunde nicht. Im Nahverkehr gibt es vielerorts Sonderregelungen. Weitere Infos finden Sie im Internet unter www.bahn.de.

Unterwegs in Bus und Taxi

In vielen Städten gibt es spezielle Tiertaxis. Aber auch in normalen Taxis dürfen Hunde mitfahren. Erwähnen Sie aber bereits bei der Bestellung, dass Sie ein Vierbeiner begleitet. Busfahren ist in manchen Städten für Hunde kostenlos, in anderen gilt der halbe Fahrpreis. Fragen Sie entweder gleich vor Ort den Fahrer oder erkundigen Sie sich vorab beim örtlichen Fremdenverkehrsbüro.

„Eine Seefahrt, die ist lustig ..."

Fährüberfahrten mit einer Dauer von ein bis drei Stunden stellen für Hundebesitzer meist kein Problem dar, weil der Vierbeiner in der Regel mit an Deck darf. Allerdings kann dies auch von Land zu Land verschieden sein, erkundigen Sie sich also lieber vorab bei Ihrem Reiseveranstalter. Bei längeren Strecken sind Hunde häufig wegen fehlender Unterbringungsmöglichkeiten nicht zugelassen. Manche Fähren bieten inzwischen schon spezielle Hundekabinen an. Grundsätzlich gilt auf Schiffen Leinenzwang, manchmal sogar Maulkorbpflicht. Vergessen Sie nicht Ihre Hundegrundausstattung wie Napf, Wasser, eventuell etwas Futter, eine Decke sowie den Impfpass und je nach Einreiseformalität ein Gesundheitszeugnis. Kreuzfahrten sind für Hunde tabu. Einzige Ausnahme: die „Queen Elisabeth II", sie hat ein eigenes Hundedeck.

Bahnreisen verlangen vom Hund in jedem Fall Nervenstärke.

Der Weimaraner fühlt sich im Wasser deutlich wohler als auf dem Wasser.

... im Urlaub

Die Reiseapotheke für Ihren Hund sollte enthalten
+ Eventuell benötigte Dauermedikamente
+ Mittel gegen Durchfall
+ Wundspray/Desinfektionsmittel
+ Augen- und Ohrentropfen
+ Floh- und Zeckenmittel
+ Zeckenzange
+ Schere
+ Fieberthermometer
+ Gaze, Verbandsmaterial
+ Pfotenschutzschuh
+ Rescue-Tropfen von Bach

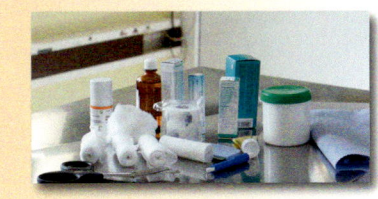

Planen Sie eine Flugreise, bringen Sie Ihren Hund lieber in einer netten Pflegestelle unter als ihn mitzunehmen.

Der Weimaraner in der Pflegestelle

Haben Sie ein besonders weit entferntes, extrem heißes oder sehr kaltes Urlaubsziel im Auge, ist es besser auf die Mitnahme Ihres Weimaraners zu verzichten und ihn während Ihrer Abwesenheit zu Hause optimal unterzubringen. Auch diese Ferienvariante muss gut vorbereitet werden. So gilt es zunächst einen zuverlässigen, lieben Hundesitter oder eine kompetente Tierpension zu finden. Im Idealfall kann Ihr Weimaraner bei Verwandten oder Freunden einquartiert werden. Häufig nimmt der Züchter seinen ehemaligen Nachwuchs gern in Pflege. Vielleicht kennt er aber auch jemanden, bei dem Ihr haariger Kamerad während Ihres Urlaubs gut aufgehoben ist. Professionelle Hundepensionen finden Sie über das Internet, das Branchenverzeichnis, Ihren Tierarzt, Tierschutzvereine, Zoofachge-

Flugreisen mit Hund
Nur kleine Hunde bis zu einem Gewicht von 5 kg dürfen bei den meisten Fluggesellschaften im Passagierraum mitfliegen. Informieren Sie sich aber unbedingt vor der Flugbuchung über die Mitnahmebedingungen. Auch Blinden- und Behindertenbegleithunde können unabhängig von ihrer Größe bei ihrem Führer bleiben. Ansonsten müssen schwerere Vierbeiner in einer Transportbox im Gepäckraum untergebracht werden. Sprechen Sie vor einem Flug mit Ihrem Tierarzt und lassen Sie sich auf jeden Fall ein Beruhigungsmittel für Ihren Vierbeiner mitgeben, denn eine Flugreise bedeutet großen Stress für den Hund.
Weitere Informationen zum Thema bekommen Sie unter www.flughund.de.

> **Tipp!**
> *Weitere interessante Hinweise zum Thema „Urlaub mit Hund" finden Sie unter:*
> **www.urlaub-mit-hund.de** *und*
> **www.ferien-mit-hund.de**.

Freizeitpartner Hund ...

Für die Pflegefamilie muss zusätzlich ins Hundegepäck

✓ Eventuell nötige Medikamente
✓ Ihre Urlaubsadresse bzw. Handynummer für Notfälle
✓ Telefonnummer Ihres Tierarztes
✓ Liste mit Vorlieben, Abneigungen und Eigenheiten Ihres Hundes

Geben Sie unbedingt das gewohnte Körbchen mit in die Pflegestelle, so findet Ihr Weimaraner dort gleich ein Stück Heimat vor.

schäfte, Hundevereine, den Kleinanzeigenteil Ihrer Tageszeitung oder Tierzeitschriften. Auch andere Hundebesitzer, die Ihren Vierbeiner ebenfalls schon in einer Pension untergebracht haben, können Ihnen entsprechende Tipps geben. Sogar Tierheime nehmen vorübergehende Pfleglinge auf. Die Bezahlung ist hier für einen guten Zweck, denn das Geld kommt gleichzeitig dem Tierschutz zugute.

Beobachten Sie gut, ob die Chemie zwischen Ihrem Weimaraner und dem Urlaubsbetreuer stimmt.

Nehmen Sie sich unbedingt Zeit für die Auswahl eines geeigneten Pflegeplatzes. Sehen Sie sich vor Ort genau um, sprechen Sie ausführlich mit der zuständigen Person und vereinbaren Sie vorab am besten mehrere Treffen, damit Ihr Weimaraner und der vorübergehende Betreuer sich schon etwas kennenlernen. Beobachten Sie das Verhalten Ihres Vierbeiners: Fühlt er sich wohl in der neuen Umgebung? Hat er Vertrauen zu seinem möglichen Pfleger? Nehmen Sie Abstand von Hundepensionen, die nur auf Ihr Geld, nicht aber auf das Wohl Ihres Hundes aus sind. Zahlen Sie andererseits lieber mehr, wenn Ihnen der Pflegeplatz optimal erscheint. Haben Sie einen vertrauenswürdigen Hundesitter gefunden, schließen Sie mit ihm einen Vertrag ab. Sprechen Sie eventuelle Vorlieben, Abneigungen und Eigenheiten Ihres Weimaraners an. Informieren Sie ihn außerdem über die gewohnten Fütterungs- und Gassigehzeiten. Gehorcht Ihr Vierbeiner nicht absolut zuverlässig, bitten Sie den Pfleger, Ihren Hund beim Spaziergang nicht abzuleinen. Alle wichtigen Informationen halten Sie für den Sitter am besten schriftlich fest. Geben Sie Ihren Weimaraner nicht erst am letzten Tag vor Ihrer Reise in der Betreuungsstelle ab, damit eventuelle Schwierigkeiten noch vor Ihrer Abfahrt geklärt werden können.

Gesundheit

Vorsorge

Weimaraner aus kontrollierten FCI-Zuchten sind in der Regel sehr robust, gesund und langlebig.

Neben einer optimalen Pflege, Ernährung und Auslastung gibt es weitere vorsorgende Maßnahmen, die zu einem langen, gesunden Hundeleben beitragen. Hierzu gehören natürlich regelmäßige Entwurmungen und Impfungen (siehe Kasten Seite 109). Außerdem ist ein hygienisches Umfeld wichtig: Achten Sie stets auf einen sauberen Futterplatz und gereinigte Näpfe. Waschen Sie auch das Hundebett öfter in der Maschine, damit Parasiten wie Milben oder Flöhe keine Überlebenschance haben. Suchen Sie Ihren Weimaraner zudem von Frühjahr bis Herbst täglich nach Zecken ab, denn diese könnten Ihren Hund beispielsweise

Bei jedem Wetter an die frische Luft stärkt das Immunsystem nachhaltig.

Gesundheit

Etliche alternative Heilmethoden bewähren sich schon vorbeugend.

mit Borreliose infizieren. Vor starkem Befall schützen spezielle Präparate vom Tierarzt. Eine bewährte Prophylaxe gegen Krankheitsanfälligkeit ist viel Bewegung an der frischen Luft bei jedem Wetter, denn auf diese Weise härten Sie Ihren Vierbeiner ab.
Manchen gesundheitlichen Schwachstellen Ihres Hundes können Sie gut mit Alternativmedizin begegnen und dadurch Erkrankungen

 **Die Hausapotheke für Ihren Hund**

+ Eventuell nötige Dauermedikamente
+ Mittel gegen Reisekrankheit/Beruhigungsmittel (vom Tierarzt)
+ Mittel gegen Durchfall
+ Wundspray/Desinfektionsmittel
+ Augen- und Ohrentropfen
+ Floh- und Zeckenmittel
+ Zeckenzange
+ Wurmkur
+ Schere
+ Fieberthermometer
+ Gaze, Verbandsmaterial
+ Pfotenschutzschuh
+ Vaseline gegen rissige Ballen
+ Eventuell Maulkorb
+ Rescue-Tropfen von Bach

Entwurmung

Führen Sie viermal im Jahr eine Wurmkur bei Ihrem Vierbeiner durch, um ihn vor Darmparasiten wie Band-, Rund-, Haken- und Peitschenwürmern zu schützen, mit denen er sich überall in freier Natur durch tote Wildtiere oder deren Kot infizieren kann. Achten Sie dabei auf wechselnde Präparate, da die Parasiten Resistenzen bilden können. Möchten Sie Ihren Hund nicht routinemäßig entwurmen, sollten Sie wenigstens alle drei Monate eine Kotprobe von Ihrem Tierarzt auf Würmer untersuchen lassen, damit Sie im Falle einer Infektion schnell handeln können, schließlich ist eine Übertragung auf Menschen ebenfalls möglich.

vorbeugen. Hier leistet beispielsweise die Homöopathie hervorragende Dienste. So unterstützt Echinacea wirkungsvoll ein geschwächtes Immunsystem. Das Anfangsmittel bei einer beginnenden Erkältung ist Aconitum. Gelsemium oder Euphorbium können bei bereits bestehendem Schnupfen und Belladonna bei Husten helfen. Zur Verbesserung des Allgemeinbefindens wird China oder Mucosa verabreicht. Weitere wirksame Rezepte hält die Kräutermedizin parat. So tun Salbei-Tee und -Honig Ihrem Hund bei Husten gut. Auch Löwenzahn- und Spitzwegerich-Honig sind empfehlenswert. Geben Sie in der Akutphase mehrmals täglich einen Teelöffel. Anfällige, alte oder geschwächte Tiere bekommen durch Zufütterung von Vitamin-C-reichem Hagebutten- oder Holunderbeerenmus neuen

Schwung. Zur allgemeinen Stärkung ist Rosmarin gut geeignet. Brennnessel und Löwenzahn kurbeln den Stoffwechsel an und sorgen auf diese Weise für eine bessere Fitness.

Reiben Sie rissige Ballen mit Kamillen- oder Ringelblumensalbe ein, damit sie sich nicht entzünden. Ebenso bewährt haben sich Johanniskraut- und Lavendelöl.

Behandeln Sie eine durch Schneefressen verursachte Magenreizung mit Kamillen-Tee; er wirkt entzündungshemmend und beruhigt die Schleimhaut. Legen Sie bei Bauchschmerzen warme, entspannende Kamillen-Umschläge auf den Hundebauch.

Natürlich gehört auch ein hundesicheres Zuhause zu einer umfassenden Gesundheitsvorsorge. So ist der beste Schutz vor Unfällen die Vermeidung gefährlicher Situationen. Was Sie dabei in Ihrer Wohnung und Ihrem Garten alles beachten müssen, lesen Sie ab Seite 42 „Welpensicheres Zuhause". Wenn Ihr Weimaraner nicht zuverlässig folgt, leinen Sie ihn in unsicherem Gelände nie ab: Zu schnell kommt es zu einer Katastrophe. Ein wirkungsvoller Schutz vor Vergiftungen ist, Ihrem Hund schon früh beizubringen, nur auf Befehl hin zu fressen. So nimmt er auch unterwegs nichts Unerlaubtes und eventuell Gefährliches auf.

> **Physiologische Daten eines Weimaraner**
>
> **Körpertemperatur** 38 bis 39 °C (bei Welpen bis zu 39.3 °C)
>
> **Atemfrequenz** 20 bis 30 Züge pro Minute
>
> **Pulsfrequenz** 70 bis 100 Schläge pro Minute
>
> **Schleimhaut**: rosa, feucht, glatt und glänzend, ohne Auflagerungen
>
> Bei Stress und/oder körperlicher Belastung steigen diese Werte an.

Impfungen

Um Ihren Vierbeiner vor einigen sehr gefährlichen Infektionskrankheiten zu schützen, sind Impfungen wichtig. Zwar kann ein geimpfter Hund noch an den diversen Erregern erkranken, der Krankheitsverlauf selbst ist dann aber nur leicht, denn das Immunsystem hatte durch die Impfung vorab schon die Möglichkeit, sich durch die Bildung von entsprechenden Antikörpern auf die Erregerbekämpfung vorzubereiten.

Folgendes Impfschema ist angeraten:

6. Woche (in gefährdeten Beständen): Parvovirose

8. Woche: Hepatitis c.c. (HCC), Leptospirose, Parvovirose, Staupe

12. Woche: Hepatitis c.c. (HCC), Leptospirose, Parvovirose, Staupe, Tollwut

16. Woche: Hepatitis c.c. (HCC), Parvovirose, Staupe, Tollwut

15. Monat: Hepatitis c.c. (HCC), Leptospirose, Parvovirose, Staupe, Tollwut

Alle ein bis drei Jahre erfolgt eine **Auffrischungsimpfung**: Parvovirose, Staupe, Hepatitis c.c. (HCC), Leptospirose, Tollwut.

Eine Impfung gegen **Zwingerhusten** empfiehlt der Tierarzt individuell, je nach Umfeld des Tieres und akuter Seuchenlage.

Inzwischen weiß man, dass einige wichtige Impfstoffe Hunde deutlich länger schützen als nur ein Jahr. Durch manche wird sogar bereits nach der Grundimmunisierung des Welpen eine lebenslange Immunität erreicht. In etlichen Ländern ist es jedoch erforderlich, Auffrischungsimpfungen, die alle ein bis drei Jahre durchgeführt werden, nachweisen zu können.

Weimaranern merkt man eine Erkrankung häufig erst an, wenn sie schon weiter fortgeschritten ist.

Bekannte Krankheitsbilder

Weimaraner sind, was Krankheiten betrifft, nicht wehleidig und hart im Nehmen; häufig leiden sie still, ehe sie sich ein Unwohlsein anmerken lassen. Beobachten Sie daher Ihren Hund gut und reagieren Sie bereits bei den ersten Anzeichen einer Erkrankung. Suchen Sie frühzeitig einen Tierarzt auf, hat Ihr Vierbeiner grundsätzlich die besten Heilungschancen.

Nachfolgend stellen wir zwei Krankheitsbilder vor, grundsätzlich ist der Weimaraner aber eine sehr robuste, gesunde und langlebige Rasse.

Hüftgelenksdysplasie (HD)

Unter der Hüftgelenksdysplasie versteht man eine Fehlentwicklung der Hüftgelenke. Hüftpfanne und Oberschenkelkopf entwickeln sich nicht passend zueinander; weil die Pfanne zu flach, der Kopf zu klein oder nicht rund ist, umschließen sich beide Teile nicht richtig; somit liegt zu viel Spiel dazwischen, das zu einer verstärkten Reibung und Abnutzung im Gelenk führt. Dysplasien sind überwiegend

Der Weimaraner-Klub e.V. legt großen Wert auf eine strenge Zuchtauslese bezüglich HD, daher sind hier die meisten Hunde HD-frei oder zeigen Übergangsformen.

Bekannte Krankheitsbilder

genetisch bedingte Entwicklungs- bzw. Wachstumsstörungen. Der VDH-Rassezuchtverein legt auf eine sehr strenge Zuchtauswahl Wert – mit Erfolg, denn der Großteil der im Weimaraner-Klub e.V. gezüchteten Weimaraner ist HD-frei oder zeigt Übergangsformen.

Epilepsie

Epilepsie ist eine Anfallserkrankung, die sich in Muskelkrämpfen zeigt. Sie können als Schüttelkrämpfe oder als anhaltende Muskelanspannung auftreten und sind Folge anfallsartiger, synchroner Entladungen von Neuronengruppen im Gehirn. Gleichzeitig beobachtet man häufig Bewusstlosigkeit, Halluzinationen, Verhaltens- und Wesensänderungen, Harn- oder Kotabsatz und Speicheln. Die Diagnose erfolgt mittels einer Hirnstromkurve (EEG) oder bildgebenden Verfahren. Man unterscheidet zwischen einer primären (angeborenen) und einer sekundären (durch andere Erkrankungen erworbene) Epilepsie. Ein Anfall dauert in der Regel ein paar Minuten. Die Behandlung erfolgt als Dauertherapie mit Anti-Epileptika; auch die Homöopathie kann hier gute Erfolge erzielen. Die Rassezuchtvereine schließen epilepsiekranke Hunde von der Zucht aus.

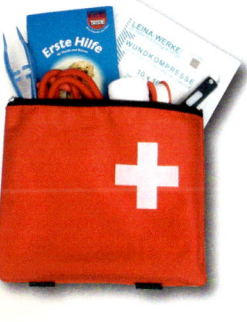

Notfall-Set

+ Elastische Mullbinden
+ Sterile Gaze
+ Selbstklebende Verbände
+ Watte
+ Pflasterrolle
+ Verbandsschere
+ Wunddesinfektionsmittel
+ Antiseptisches Puder
+ Brand- und Antihistamin-Salbe (vom Tierarzt)
+ Heparin-Salbe (vom Tierarzt)
+ Traumeel Salbe
+ Digitales Fieberthermometer
+ Taschenlampe
+ Decke
+ Eventuell Maulkorb
+ Ersatzleine
+ Einmalhandschuhe

Wesenstest

Für die Zuchtzulassung eines Weimaraners sind vom VDH und JGHV unter anderem ein Wesenstest vorgeschrieben, durch den sichergestellt werden soll, dass weder übermäßig aggressive noch ängstliche Hunde in die Zucht gelangen und somit ihre negativen Eigenschaften weitervererben.

Um vom VDH und JGHV zur Zucht zugelassen zu werden, muss jeder Weimaraner zunächst einen Wesenstest durchlaufen.

Alternative Heilmethoden kommen zunehmend in der Tiermedizin zum Einsatz – mit großem Erfolg!

Alternative Heilmethoden

Auch im tiertherapeutischen Sektor sind alternative Heilmethoden zunehmend im Kommen. Bei manchen Krankheiten, kann eine schulmedizinische Behandlung häufig völlig durch alternative Verfahren ersetzt werden. Meist dauert solch eine Therapie zwar länger, andererseits ist sie jedoch deutlich nebenwirkungsärmer. Bei chronischen Erkrankungen hat sich der Einsatz alternativer Heilmethoden ebenfalls bewährt. In schweren Krankheitsfällen können natürliche Verfahren mit der Schulmedizin kombiniert werden und so zusätzliche Linderung verschaffen. Im Folgenden stellen wir Ihnen einige bewährte Heilmethoden vor.

Homöopathie

Die Homöopathie, die von dem Arzt Samuel Hahnemann (1755–1843) begründet wurde, betrachtet den Menschen bzw. das Tier in seiner Gesamtheit. Hier spielt nicht nur das akute körperliche Symptom eine Rolle, sondern die gesamte Persönlichkeit des Tieres mit all ihren körperlichen und seelischen Eigenheiten. Um das passende Mittel zu finden, sind also neben dem Leitsymptom auch der Wesenstyp, die Entstehung der Krankheit, der augenblickliche Zustand und weitere Besonderheiten des Patienten zu beachten. Dabei gilt der Grundsatz: Ähnliches ist mit Ähnlichem zu heilen. Homöopathika stammen überwiegend aus dem Pflanzenreich; man verwendet aber auch Mineralien, Stoffe aus dem Tierreich, Metalle und Nosoden. Mithilfe von Wasser, Alkohol oder Milchzucker entstehen aus den natürlichen Stoffen Ursubstanzen. Diese Ursubstanzen werden nach den Angaben Hahnemanns durch entsprechende Verdünnungen zu Dezimalpotenzen (z. B. D-, C-, LM-Potenzen) verarbeitet, die der Therapeut schließlich je nach Schweregrad der Erkrankung zur Behandlung

Alternative Heilmethoden

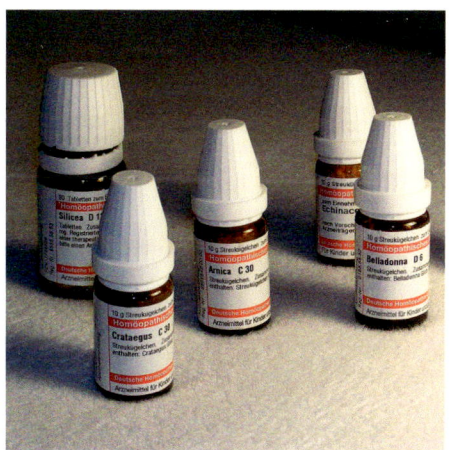

Die Homöopathie sieht Mensch und Tier als Ganzes, nicht nur das körperliche Symptom spielt also eine Rolle, sondern auch die Psyche des jeweiligen Individuums.

Die Phytotherapie verwendet die ganze Pflanze oder auch nur einzelne Teile davon.

einsetzt. Homöopathische Arzneimittel gibt es als Tropfen, Tabletten, Globuli (Streukügelchen) oder Injektionslösungen. Neben den reinen Substanzen sind auch etliche homöopathische Mischpräparate erhältlich, sogenannte Komplexmittel.

Phytotherapie

Unter Phytotherapie oder Pflanzenheilkunde versteht man die Lehre der Verwendung von Heilpflanzen als Medikament. Sie gehört zu den ältesten medizinischen Therapien und ist auf der ganzen Welt in allen Kulturen verbreitet. Zum Einsatz kommen dabei ganze Pflanzen und deren Teile (Blüten, Blätter, Wurzel), die auf verschiedene Weise (z. B. als Frischkraut, Aufguss, Auskochung, Kaltwasserauszug und Pulverisierung) zu einem Medikament verarbeitet werden. Meist verwendet der Phytotherapeut Stoffgemische, die sich bereits als gut wirksam bewährt haben. Auch die Homöopathie nutzt auf pflanzlicher Ebene die Erkenntnisse der Phytotherapie.

Akupunktur

Die Akupunktur ist ein Teilgebiet der Traditionellen Chinesischen Medizin (TCM). Man geht hier von über 300 Akupunkturpunkten aus, die auf verschiedenen Meridianen (= Energiebahnen) des Körpers angeordnet sind. Durch das Einstechen von speziellen Akupunkturnadeln erwärmen sich die gestochenen Punkte und bringen das Qi (= Lebensenergie) wieder in einen intakten Fluss. Die Akupunktur gehört zu den Umsteuerungs- und Regulationstherapien. Eine Sitzung dauert ca. 20 bis 30 Minuten. Der Patient wird dabei ruhig und entspannt gelagert. Eine komplette Therapie umfasst in der Regel 10 bis 15 Sitzungen. Die Akupunktur hat sich vor allem bei Schmerzpatienten bewährt. Für Hunde mit HD oder anderen Gelenkproblemen ist dies oft die letzte Chance, schmerzfrei zu werden. Eine Spezialform der Akupunktur ist die Goldakupunktur: Dabei werden kleine Goldkügelchen minimalinvasiv unter Narkose in bestimmte Akupunkturpunkte eingesetzt. Diese

Gesundheit

Die Akupunktur kann Schmerzpatienten eine völlig neue Lebensqualität schenken.

Goldkugeln bewirken eine Dauerakupunktur; die Schmerzleitung wird dadurch gehemmt und das Tier läuft somit wieder beschwerdefrei. Der Eingriff ist einmalig und wirkt in der Regel ein Leben lang. Die Goldakupunktur führt nicht jeder Tierarzt durch. Voraussetzung ist eine Ausbildung sowie langjährige Erfahrung in Akupunktur, ganzheitlicher Orthopädie und Chirurgie. Tierärzte mit der Zusatzbezeichnung „Akupunktur" sind bei den einzelnen Landestierärztekammern zu erfragen.

Osteopathie

Die Osteopathie ist eine sanfte Methode, mit deren Hilfe die Selbstheilungskräfte des Körpers neu aktiviert werden. Auch der Osteotherapeut arbeitet ganzheitlich; nach einem ausführlichen Gespräch über den Patienten und dessen Beschwerden erspürt er mit seinen Händen Körperblockaden, die er anschließend durch bestimmte Berührungstechniken auflöst (meist sind mehrere Anwendungen nötig). Auf diese Weise kommt das Körpergewebe wieder ins Gleichgewicht und alle Körperflüssigkeiten zurück in ihren natürlichen Fluss. Osteopathie wird vor allem bei Schmerzpatienten erfolgreich angewendet, wobei der Schmerz meist nur ein Symptom einer tiefer liegenden Erkrankung bzw. Blockade ist. Immer mehr Tierphysiotherapeuten bieten zusätzlich zu ihrem herkömmlichen Leistungsspektrum Osteopathie an.

Die Osteopathie aktiviert die Selbstheilungskräfte im Körper.

Der ältere Weimaraner

Was ändert sich im Alter?

Ein alternder Weimaraner hat sich einen schönen Lebensabend redlich verdient.

Ein Weimaraner altert zwischen dem 8. und 9. Lebensjahr. Dies macht sich nicht nur durch äußere Anzeichen wie dem zunehmenden Grau- bzw. Weißwerden um Schnauze und Augen bemerkbar, sondern auch durch bestimmte Wesensveränderungen und Alterswehwehchen. Mit der Zeit wird Ihr Weimaraner gelassener und ruhiger. Er hat ein höheres Schlafbedürfnis als früher, sein Bewegungsdrang nimmt allmählich ab. Häufig reagieren ältere Vierbeiner weniger flexibel auf Veränderungen. Eine verstärkte Anhänglichkeit, nächtliche Unruhe und geringeres Interesse an Artgenossen ist ebenfalls oft zu erkennen. Manche Hunde zeigen sich sogar schrullig und legen plötzlich bestimmte Marotten an den Tag, die sie vorher nicht hatten. Ursache hierfür können Verkalkungen im Gehirn sein, die eine Senilität bewirken. Nun sind mehr denn je Ihr Humor und Ihre Lockerheit gefragt. Zwar sollten Sie selbst mit einem alten Vierbeiner konsequent sein, trotzdem darf hier und da ein Augenzwinkern nicht fehlen.

Auch die Leistung der Sinnesorgane lässt allmählich nach: Ihr Weimaraner hört und sieht nun schlechter als früher. Viele Hunde zeigen außerdem eine erhöhte Neigung zu Übergewicht. Um den gefährlichen Folgen des Dickwerdens wie Gelenkschäden oder Herz-Kreislauf-Störungen vorzubeugen, ist eine altersangepasste Ernährung nötig.

Trotz aller Veränderungen ist es wichtig, dass Sie Ihren vierbeinigen Senior nicht als alt, senil und „unbrauchbar" abstempeln!

Der ältere Weimaraner

Im Alter geht alles ein bisschen langsamer, auch der gesamte Stoffwechsel. Daher ist eine entsprechende Ernährung wichtig, um Fettpölsterchen zu vermeiden.

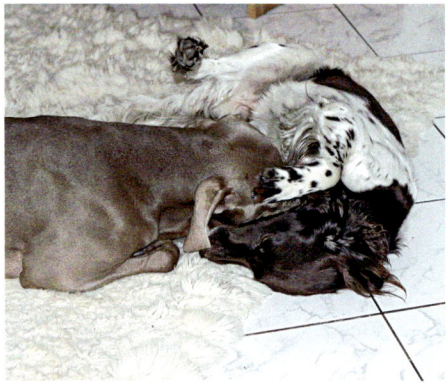

Viele ältere Vierbeiner spielen zeitweilig noch gerne in kurzen Sequenzen mit anderen Hunden.

Der richtige Umgang

Wer rastet, der rostet

Nach dem Motto „Wer rastet, der rostet" altert Ihr Weimaraner schneller, wenn er sich abgeschoben fühlt und nicht mehr altersangemessen gefordert wird. Daher ist körperliche Aktivität besonders wichtig. Sie bringt nicht nur den Kreislauf in Schwung, auch Muskeln und Gelenke bleiben beweglich. Ebenso wird die Durchblutung aller Organe angeregt und eine optimale Sauerstoffversorgung gewährleistet. Der zusätzliche Abbau von Stresshormonen führt zu ausgeglichener Zufriedenheit. Richten Sie Art und Umfang der Bewegung nach den individuellen Bedürfnissen, der Fitness und der allgemeinen, bis dahin erworbenen Kondition Ihres Weimaraners aus. Gehen Sie sensibel auf den Aktivitätsdrang Ihres Vierbeiners ein; beobachten Sie ihn gut und überfordern Sie ihn nicht. Ein Spaziergang, auf dem Ihr wedelnder Senior über sein Tempo und eventuelle Toberunden selber bestimmen darf, ist besser als eine Joggingrunde, bei der Ihr alter Freund nur mühsam Schritt halten kann. Sicherlich ist Ihr Weimaraner auch im Rentenalter noch für gemeinsame Pirschgänge im Revier zu begeistern. Selbst wenn Sie inzwischen einen jüngeren Jagdhund angeschafft haben, sollten Sie Ihren alten Weimaraner nie von gemäßigten jagdlichen Ausflügen ausschließen. Lässt das Hörvermögen Ihres Hundes deutlich nach, setzen Sie ihn nicht mehr auf Drückjagden ein. Die Gefahr, dass Ihr betagter Weimaraner angreifende Schweine zu spät wahrnimmt und durch sie verletzt wird, wäre zu

Fitmacher „Spielen"

Fordert Ihr vierbeiniger „Rentner" Sie noch zum Spielen auf, machen Sie ihm die Freude und gehen Sie darauf ein; so fühlt er sich wichtig und dazugehörig. Respektieren Sie allerdings die Tatsache, dass ältere Hunde schneller die Lust am Spielen verlieren als Jungspunde. An manchen Tagen ist Ihr betagter Freund vielleicht überhaupt nicht zum Spielen aufgelegt. Möchte Ihr Senior von heute auf morgen nicht mehr spielen, lassen Sie ihn vom Tierarzt untersuchen, denn eventuell verdirbt ihm ein akutes gesundheitliches Problem den Spaß.

Was ändert sich im Alter?

groß. Auf Nachsuchen kann Ihnen der ältere und erfahrene Weimaraner aber weiterhin wertvolle Dienste leisten.

Setzen Sie einen untrainierten Vierbeiner nicht von heute auf morgen anstrengenden, ungewohnten Aktivitäten aus. Bei Spaziergängen ist Regelmäßigkeit und Gleichmäßigkeit sehr wichtig; das heißt: Gehen Sie mit einem alten Weimaraner lieber mehrmals täglich eine halbe Stunde spazieren als einmal am Tag ganz lang. Diese Kontinuität sollten Sie auch am Wochenende und im Urlaub beibehalten, damit der Grad der Belastung einheitlich bleibt. Achten Sie außerdem darauf, dass Ihr Senior vor einem Sprint durch Ihr Jagdrevier, einer Übungseinheit auf dem Hundeplatz, einer Toberunde mit Artgenossen oder einer kleinen Fahrradtour genügend aufgewärmt ist. Ein unvorbereiteter Kaltstart belastet Herz,

Ein Seniorhund sollte sich vor größerer körperlicher Belastung erst langsam aufwärmen.

Kreislauf, Muskeln, Bänder und Gelenke zu stark. Führen Sie Ihren Weimaraner lieber erst in gleichmäßigem Schritttempo an der Leine spazieren, ehe er sich richtig auspowern darf. Im Anschluss an eine sportliche Betätigung sollte Ihr Senior ebenfalls in ruhigem Tempo wieder abkühlen können.

Angemessene Bewegung für Seniorhunde

Um Gelenke, Muskeln und Bänder zu schonen, ist eine gleich bleibende Bewegungsabfolge empfehlenswerter als beispielsweise ein wildes Ballspiel, bei dem der Hund abrupt starten und wieder abbremsen muss.

Extrem Kreislauf belastend sind hohe, schwüle Sommertemperaturen. Verlegen Sie Spaziergänge und sportliche Aktivitäten mit Ihrem wedelnden Rentner an solchen Tagen also lieber auf die kühlen Morgen- und Abendstunden.

Ein toller Sommersport für alte Weimaraner ist Schwimmen. Der dabei ausgeführte gleichmäßige Bewegungsablauf schont den Kreislauf und die Gelenke. Hier kann Ihr Weimaraner auch sein Tempo und das Maß der Bewegung

Auch ein betagter Weimaraner hat noch Spaß an gemeinsamen Reviergängen.

Allroundhelfer „Spaziergang"

Regelmäßiges Spazierengehen ist für alte Hunde toll und sehr wichtig. Der Vierbeiner kann hier sein Tempo selbst bestimmen. Die Bewegungsabläufe sind in der Regel gleichmäßig. Außerdem hält ein Gang an der frischen Luft viele Sinneseindrücke parat: Ihr Senior hat Kontakt zu Artgenossen und zu anderen Menschen. Zudem nimmt er unterschiedliche Gerüche wahr („Zeitung lesen"). Und: Die Bewegung draußen bei jedem Wetter stärkt das Immunsystem. Ein Spaziergang wird abwechslungsreicher, wenn Sie unterwegs kleine Spielchen oder Gehorsamsübungen einstreuen. Nehmen Sie es Ihrem Rentner aber nicht krumm, wenn er mal einen schlechteren Tag und somit keine Lust auf Gaudi hat. Stecken Sie zur Belohnung immer die Lieblingsleckerlis Ihres haarigen Freundes ein. Auch die regelmäßige Verabredung mit anderen Hundebesitzern macht die tägliche Bewegung kurzweiliger.

Tägliche Spaziergänge halten fit und regen alle Sinne des vierbeinigen Seniors an.

Weimaraner sollten auch im Alter noch ihrer großen Leidenschaft, dem Schwimmen, frönen dürfen, denn dies ist ein sehr gesunder Sport.

gut selbst bestimmen. Nichtschwimmer planschen vielleicht lieber à la Kneipp. Nutzen Sie in der warmen Jahreszeit also jeden Bach oder Teich, an dem sie vorbeikommen. Rubbeln Sie einen empfindlichen Hund an kühlen Tagen unbedingt gut trocken, denn Nässe und Wind führen schnell zu einer gefährlichen Lungenentzündung oder einem schmerzhaften Arthroseschub. Für die kalten Wintermonate gibt es inzwischen schon vereinzelt Hundeschwimmbäder; diese sind in der Regel einer Praxis für Tierphysiotherapie angeschlossen.

Leidet Ihr Vierbeiner bereits unter körperlichen Beschwerden, müssen Sie ihn dennoch nicht völlig ruhig stellen. Bei etlichen chronischen Erkrankungen trägt ein individuell abgestimmtes Mobilitätsprogramm oft sogar zur Besserung bei. In der Akutphase kann allerdings vorübergehende Ruhe nötig sein. Am besten besprechen Sie sich in einem solchen Fall mit Ihrem Tierarzt. Er klärt Sie je nach Art und Schwere des Leidens Ihres Weimaraners darüber auf, welche Bewegungen erlaubt und welche verboten sind. Bei Krankheiten des Bewegungsapparates hilft auch eine gezielte Physiotherapie.

Beschäftigungstipps für Seniorhunde

Viele Hunde spielen noch bis ins hohe Alter, meist zwar nicht mehr mit Artgenossen, dafür aber in kurzen Sequenzen mit Herrchen oder Frauchen. Spielen macht dann nicht nur Spaß, sondern hat für ältere Vierbeiner sogar einen therapeutischen Nutzen – es bedeutet Ablenkung von kleineren Alterswehwehchen sowie Stärkung des altersmäßig häufig angeknacksten Selbstbewusstseins, denn der wedelnde Senior steht plötzlich wieder ganz im Mittelpunkt und erhält viel Lob, das zu neuem Stolz verhilft. Viele Graue Schnauzen fallen durch ein lustiges Spiel sogar regelrecht in einen Jungbrunnen. Und: Hunde, die ihr Leben lang spielerisch gefordert wurden, blei-

Mit etwas Fantasie und Kreativität können Sie ein schonendes, aber trotzdem kurzweiliges Animationsprogramm für Ihren älteren Weimaraner zusammenstellen.

ben generell länger fit und gesund. Selbstverständlich verlangt das Spielen mit älteren Vierbeinern erhöhte Rücksichtnahme auf den aktuellen Gesundheitszustand sowie die bis dahin erworbene Kondition. Diverse Zipperlein sind aber trotzdem noch kein Grund, generell auf Spiel und Spaß zu verzichten. Mit etwas Fantasie, viel Einfühlungsvermögen und

Schwimmen in Verbindung mit Apportieren macht selbst dem älteren Vorstehhund noch viel Spaß.

Nasenarbeit hält einen Seniorhund fit.

Humor findet man genügend Möglichkeiten, auch einen Seniorhund alters angemessen zu fordern.

- Haben Sie einen alternden, aber noch fitten vierbeinigen Sportler im Haus, laden niedrige Baumstämme zum Überspringen ein.
- Apportieren steht bei vielen älteren Hunden noch hoch im Kurs. Mit Rücksicht auf den schon abgenützten Bewegungsapparat des Tieres, sollten die zu bringenden Gegenstände allerdings wenig wiegen. Ansonsten sind Ihrer Fantasie kaum Grenzen gesetzt: Ob Gartenhandschuhe, Zeitung, Pantoffel oder Schirm, Ihr wedelnder Gentleman wird Sie sicherlich nicht enttäuschen.
- Bieten Sie Ihrem vierbeinigen Rentner außerdem Schnüffelspiele an, die seine Sinne und die Konzentrationsfähigkeit fördern. Da die Riechleistung im Alter abnimmt, sind stark duftende „Lockstoffe" wie getrockneter Pansen empfehlenswert, mit dem Sie beispielsweise eine Fährte durch den Garten legen können. Auch eine Schweißfährte kann einem älteren Weimaraner noch viel Spaß machen und ihn fit halten.
- Beherrscht Ihr Vorstehhund Kunststückchen, fragen Sie diese immer wieder ab, denn das hält geistig fit. Hunde, die hier über Jahre hinweg trainiert wurden, lernen selbst noch im Alter problemlos neue Tricks. Aber auch für eher ungeübte Rentner ist eine Neueinstudierung leichter Übungen wie „Pfote geben" oder „Sich-schlafend-Stellen" machbar und sinnvoll, denn durch Kopfarbeit bleiben ergraute Schnauzen deutlich länger jung. Selbst die wiederholte Abfrage des Grundgehorsams ist für alte Hunde eine wichtige Bestätigung.

Das gemeinsame Spielen mit einem Seniorhund bringt nicht nur viel Spaß und neue Lebensfreude, sondern schweißt Sie noch enger zu einem tollen Team zusammen. Nützen Sie die Zeit miteinander so lange es geht!

Gepflegt im Alter

Richtig verwöhnen können Sie Ihren alten Weimaraner mit einer entspannenden Bürs-

Die meisten Hunde lieben ausgiebiges Bürsten, denn dies entspricht gleichzeitig einer angenehmen Massage

tenmassage, die nicht nur abgestorbenes Haar herausgekämmt, sondern auch die vermehrte Durchblutung der Haut angeregt. Intensives Streicheln wirkt ebenfalls wie eine angenehme, vitalisierende Massage. Massieren Sie sanft mit kreisförmigen Bewegungen. Lockernd wirkt ein leichtes Kneten und Rollen von Haut und Muskeln.

Leidet Ihr Weimaraner unter Gelenkbeschwerden, tut ihm ein erwärmtes Dinkelkissen im Hundelager gut.

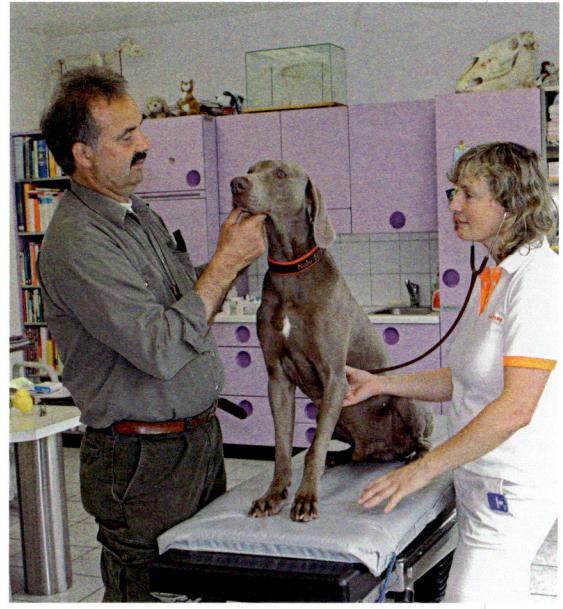

Gehen Sie mit einem älteren Weimaraner regelmäßig zur Routineuntersuchung zu Ihrem Tierarzt.

Pflege-Tipps für Seniorhunde

- ✓ Regelmäßige Zahnkontrolle sowie Zähneputzen sind empfehlenswert, denn Prophylaxe schützt wirksam vor vielen Zahnproblemen.
- ✓ Bürsten Sie Ihren Hund einmal in der Woche.
- ✓ Kontrollieren Sie regelmäßig die Haut auf Veränderungen und eventuelle Liegeschwielen sowie die Krallen.
- ✓ Tasten Sie Ihren Senior wöchentlich nach eventuellen Veränderungen ab.
- ✓ Entwurmen Sie auch den älteren Vierbeiner alle drei bis vier Monate bzw. lassen Sie eine Kotprobe untersuchen.
- ✓ Reinigen Sie regelmäßig Augen, Ohren, Scham bzw. Penis.
- ✓ Rauchen Sie nicht in der Gegenwart Ihres Hundes, denn Passivrauchen beschleunigt den Alterungsprozess.
- ✓ Geben Sie Ihrem Vierbeiner einen warmen, weichen und vor Zugluft geschützten Schlafplatz, denn Sie hygienisch sauber halten.
- ✓ Gehen Sie ein- bis zweimal im Jahr zur Altersvorsorgeuntersuchung zu Ihrem Tierarzt und lassen Sie auch eine Blutuntersuchung durchführen. Viele Alterserkrankungen können frühzeitig erkannt, gut mit Ernährungsumstellung und pflanzlichen oder homöopathischen Mitteln lange herausgezögert werden.

Physiotherapie für daheim

- ✓ Lassen Sie Ihren Hund abwechselnd Pfötchen geben: Dies löst Verspannungen im Schulterbereich und stärkt gleichzeitig die Muskulatur.
- ✓ Ein mehrmaliges „Sitz" und „Steh" im Wechsel entspricht den menschlichen Kniebeugen; dadurch wird mehr Muskulatur in der Hinterhand aufgebaut.
- ✓ Ein kleiner Cavaletti-Lauf fördert die Konzentration, die Koordination und den Aufbau der Beinmuskulatur. Legen Sie hierfür eine Leiter oder einige Besenstiele etwas erhöht auf den Boden und achten Sie darauf, dass Ihr wedelnder Gefährte ganz exakt eine Pfote nach der anderen in die Sprossenzwischenräume setzt.
- ✓ Pumpen Sie eine stoffbezogene Luftmatratze nicht ganz prall auf; nun stellen Sie sich und Ihren Hund darauf und treten leicht auf der Stelle. Diese flexible Unterlage fördert den Gleichgewichtssinn Ihres Vierbeiners und wirkt muskelaufbauend.
- ✓ Ein Slalom durch Ihre Beine ist für Ihren Vierbeiner eine gute Dehnübung, da sich der gesamte Hundekörper dabei beidseitig leicht u-förmig dehnt.

Bitte vergessen Sie nicht bei all diesen Übungen ausgiebiges Loben und Leckerlis zur Belohnung, schließlich soll auch eine Physiotherapie Spaß machen!

Gerade älteren Hunden tut eine gezielte Physiotherapie, beispielsweise auf einem Unterwasserlaufband, gut.

Leidet Ihr Weimaraner bereits unter gewissen Altersbeschwerden, versprechen unterschiedliche Verfahren aus der Naturheilkunde Linderung. So hält die Homöopathie mit Präparaten wie Echinacea zur Stärkung der Abwehrkräfte, Crataegus zur Anregung und Stabilisierung der Herztätigkeit und Vermiculite gegen Zahnstein und Zahnfleischentzündungen bewährte Mittel bereit. Bachblüten helfen bei Tieren mit altersbedingten Wesensveränderungen. Damit Sie das richtige Präparat für Ihren Hund finden, beraten Sie sich am besten mit Ihrem Tierarzt. In der Schmerztherapie erzielt die Akupunktur sehr gute Erfolge. Schmerzmittel lassen sich dadurch meist deutlich reduzieren, manchmal werden sie sogar gänzlich überflüssig. Die Akupressur ist eine Abwandlung der Akupunktur; hier ersetzen die Berührung und der Druck der Finger die Nadeln. Dies wirkt sich nicht nur sehr positiv und entspannend auf den Körper aus, sondern auch auf die Seele des Vierbeiners.

Auch einfache Hausmittel tun Ihrem Hundesenior gut. Leidet Ihr Weimaraner beispielsweise an Arthrose, legen Sie eine Wärmflasche oder ein erwärmtes Dinkel- bzw. Kirschkernkissen in den Hundekorb. Ein auf diese Weise vorgewärmtes Körbchen wirkt sich auch bei Hunden mit Gelenkproblemen sehr positiv aus. Hat Ihr wedelnder Senior nach einer längeren Pirsch Muskelkater, schaffen Einreibungen und Umschläge mit Arnikasalbe oder verdünnter -tinktur Erleichterung. Gerade in der kalten Jahreszeit bewährt sich diese Behandlung ebenfalls bei älteren Hunden mit Muskel- oder Gelenkbeschwerden.

Ein weiteres sehr breites Heilungsspektrum bietet die Physiotherapie, die neben spezieller Krankengymnastik diverse Wasser-, Massage- und Magnetfeldtherapien beinhaltet. Lassen Sie also Ihren vierbeinigen Senior im Fall der Fälle neben dem eigenen Verwöhnprogramm auch von den therapeutischen Fortschritten der Tiermedizin profitieren. Er hat es sich nach Jahren treuer Freundschaft redlich verdient!

Ernährungstipps

Natürlich darf eine dem Alter entsprechend angepasste Ernährung nicht fehlen. Stellen Sie Ihren Weimaraner langsam auf eine leichtere, energieärmere Nahrung um, damit er nicht übergewichtig und dadurch zusätzlich träge wird; immerhin sinkt der Energiebedarf Ihres Hundes im Alter um etwa 20 %. Füttern Sie nun zwei- bis dreimal am Tag, denn mehrere

Füttern Sie Ihrem Hund im Alter spezielles Seniorfutter, denn es ist genau auf die Bedürfnisse eines älteren Vierbeiners zugeschnitten.

Der ältere Weimaraner

Leckerli-Spaß für Seniorhunde
Möchten Sie Ihren Vierbeiner mal mit selbst gebackenen Leckerlis verwöhnen, dann probieren Sie folgendes Rezept aus.

Sie benötigen folgende Zutaten:
*100 g feine Senior-Hundeflocken
2 Eier
4 TL Senior-Dosenfutter*

Alle Zutaten werden in einer Schüssel zu einem Teig verarbeitet. Daraus formen Sie nun kleine Bällchen, legen diese auf ein mit Backpapier ausgelegtes Backblech und lassen sie ca. 35 Minuten bei 175 °C im bereits vorgeheizten Backofen fest werden. Dieses Rezept ist für jeden Hundetyp geeignet, denn ganz gleich, ob er Diätfutter braucht oder in Bezug auf Leckerli besonders wählerisch ist, Sie können dafür sein ganz normales tägliches Hundefutter verwenden. Füttern Sie normalerweise keine feinen Flocken, sondern gröberes Futter, wird dies vorher einfach in einer Küchenmaschine zerkleinert.

Damit der Spaß komplett wird, kann sich der Vierbeiner seine „Plätzchen" erarbeiten; dazu darf natürlich die richtige Verpackung nicht fehlen. Hier empfiehlt sich beispielsweise eine kleine Papiertüte oder ein ausrangiertes Stofftaschentuch. Aber auch ein alter Socken birgt, mit den Leckerlis gefüllt, einen großen Auspackspaß für den Hund und ist, geleert, anschließend auch noch ein tolles Spielzeug. Eine weitere geeignete Verpackung ist eine kleine Schachtel, beispielsweise von einer Glühbirne, oder einfach nur altes Zeitungspapier.

kleine Portionen sind leichter zu verdauen als eine Große. Achten Sie unbedingt auf die Linie Ihres Weimaraners, denn schlanke Hunde sind gesünder und leben länger. Im Fachhandel erhalten Sie spezielles Seniorfutter, das extra auf die Bedürfnisse und den verlangsamten Stoffwechsel alter Hunde abgestimmt ist. Bei diversen Erkrankungen bekommen Sie ein genau abgestimmtes Diätfutter über den Zoofachhandel oder Ihren Tierarzt. Allgemein sollte Seniorfutter besonders schmackhaft und hochverdaulich sein. Geben Sie keine Nahrungsergänzungsmittel (Vitamine, Mineralstoffe), ohne es vorher mit Ihrem Tierarzt abgesprochen zu haben, denn auch Vitamine oder Mineralien können überdosiert schaden. Täglich frisches Trinkwasser darf natürlich nicht fehlen. Hat Ihr Hund deutlich weniger Durst, stellen Sie ihn auf Nassfutter (Dosenfutter) um oder mischen Sie seinem herkömmlichen Futter zusätzlich Wasser bei, damit er nach wie vor ausreichend mit Flüssigkeit versorgt wird.

Stecken Sie Ihrem Vierbeiner keine Süßigkeiten und Essensresten zu – dies wäre falsch verstandenes Verwöhnen und schadet älteren Hunden besonders. Belohnen Sie nur mit echten Hundeleckerlis; inzwischen gibt es sogar schon Leckereien in Senior- oder Lightqualität.

Extra-Tipp
Füttern Sie im Sommer nicht in der größten Mittagshitze: Ein voller Bauch wirkt bei großer Hitze zusätzlich kreislaufbelastend. Lassen Sie Ihren Senior nach dem Fressen mindestens 1 Stunde ruhen.

Abschied

Leider währt ein Hundeleben nicht ewig und so ist auch irgendwann nach Jahren des gemeinsamen Zusammenlebens die Zeit des Abschieds gekommen. Manche Senioren schlafen einfach friedlich ein. Häufig jedoch wird der Hundebesitzer in die verantwortungsvolle Pflicht genommen, über Leben und Tod des Hundes selbst zu entscheiden. Leidet Ihr Weimaraner und wird ihm das Leben zur Qual, weil selbst die Tiermedizin an ihre Grenzen kommt und ihm seine Schmerzen nicht mehr nehmen kann, ist es an der Zeit, ihn von seinem Leiden zu erlösen. Viele Tierärzte kommen hierfür auch zu Ihnen nach Hause, damit dem gebrechlichen Vierbeiner weiterer Stress durch einen unnötigen Transport erspart bleibt, und er in seiner gewohnten Umgebung ruhig und würdevoll für immer einschlafen darf.

Der Abschied von Ihrem langjährigen, treuen Begleiter ist natürlich mit großer Trauer verbunden. Haben Sie sich jedoch sein Hundeleben lang auf seine Bedürfnisse eingestellt und waren Sie in guten wie in schlechten Zeiten für ihn da, ist die Gewissheit eines erfüllten, tollen Hundelebens, das Ihr Weimaraner bei Ihnen hatte, vielleicht ein kleiner Trost. Da die Trauer um einen geliebten Vierbeiner nicht zu unterschätzen ist, gibt es inzwischen in vielen Orten Tierfriedhöfe oder -krematorien, die durch einen ganz bewussten Abschied und einen festen Ort der Trauer, den man jederzeit besuchen kann, die Trauerarbeit und das Loslassen erleichtern.

Für immer unvergessen, da unendlich geliebt ...

Natürlich wird Ihr verstorbener Weimaraner unersetzlich bleiben, trotzdem stellt sich Ihnen nach einiger Zeit vielleicht wieder die Frage nach einem neuen Hund. Stimmen auch dann noch alle Voraussetzungen für eine Anschaffung, ehren Sie das Andenken an Ihren Vierbeiner, indem Sie sich einen neuen Weimaraner anschaffen. Doch machen Sie nicht den Fehler, ihn mit Ihrem vorigen Hund zu vergleichen. Jeder Weimaraner ist absolut einmalig und auf seine ganz eigene Weise liebenswert.

Die gemeinsame Zeit bis zum unvermeidlichen Abschied vergeht leider viel zu schnell.

Tierbestattungen

Adressen von Tierfriedhöfen und -krematorien in Ihrer Nähe bekommen Sie über den Bundesverband der Tierbestatter e.V.:
www.tierbestatter-bundesverband.de.
Gerne können Ihnen aber auch Ihr Tierarzt oder der örtliche Tierschutzverein weiterhelfen.

Hilfreiche Adressen und Links

Rassezuchtvereine

Deutschland
Weimaraner-Klub e.V.
Wilfried Möllenberg
(Welpenvermittlung; Abgabe nur an Jäger)
Dorfstraße 8
D-26215 Wiefelstede/Conneforde
Tel: 04456-269
Fax: 04456-329
www.weimaraner-klub-ev.de

Österreich
Österreichischer Weimaraner Verein (ÖWV)
Robert Broswimmer
(Welpenvermittlung; Abgabe bevorzugt an Jäger)
Römerweg 20
A-3240 Mank
Tel: 0043-(0)664-212 99 46
www.weimaranerverein.at

Schweiz
Schweizerischer Vorstehhund-Club (SVC)
Hans Benzinger (Zuchtwart/Welpenvermittlung; Abgabe nur an Jäger)
Belzstadel 41
CH-8585 Langrickenbach
Tel: 0041-(0)71-640 00 40 oder 078-734 48 68
www.vorstehhund-club.ch

Notvermittlungsstelle
Jagdhunde in Not e.V.
www.jagdhunde-in-not.de
Krambambulli Jagdhundhilfe e.V.
www.krambambulli.de

Kynologenverbände (FCI)

Verband für das Deutsche Hundewesen (VDH)
(Geschäftsstelle)
Westfalendamm 174
D-44141 Dortmund
Tel: 0231-565 00-0
Fax: 0231-59 24 40
www.vdh.de

Jagdgebrauchshundeverband e.V. (JGHV)
Dr. Lutz Frank
(Geschäftsführer)
Neue Siedlung 6
15938 Drahnsdorf
Tel: 035453-215
Fax: 035453-262
www.jghv.de

Österreichischer Kynologenverband (ÖKV)
(Geschäftsstelle)
Siegfried-Marcus-Str. 7
A-2362 Biedermannsdorf
Tel: 0043-(0)2236-71 06 67
Fax: 0043-(0)02236-71 06 67-30
www.oekv.at

Schweizerische Kynologische Gesellschaft (SKG)
(Geschäftsstelle)
Brunnmattstr. 24
CH-3007 Bern
Tel: 0041-(0)31-306 62 62
Fax: 0041-(0)31-306 62 60
www.hundeweb.org

Haustierregister
Deutscher Tierschutzbund e.V.
(Geschäftsstelle)
Baumschulallee 15
D-53115 Bonn
Tel: 0228-60 49 60
Fax: 0228-60 49 640
www.tierschutzbund.de

TASSO e.V.
Haustierzentralregister
Frankfurter Str. 20
D-65795 Hattersheim
Tel: 06190-93 73 00
Fax: 06190-93 74 00
www.tiernotruf.org

Internationale Zentrale Tierregistrierung (IFTA)
Nördliche Ringstr. 10
D-91126 Schwabach
Tel: 00800-43 82 00 00
Fax: 09122-88 51 989
www.tierregistrierung.de

Interessante Links zu Internetseiten rund um den Hund:
www.partner-hund.de
www.hundefinder.de/hundeschulen
www.ferien-mit-hund.de
www.flughund.de
www.haustierratgeber.de

Der Verlag ist nicht für den Inhalt von Internetseiten und deren Links verantwortlich.

Haftungsausschluss: In diesem Buch sind die Namen von Medikamenten, die zugleich eingetragene Warenzeichen sind, als solche nicht besonders kenntlich gemacht. Es kann also aus der Bezeichnung der Ware mit dem für diese eingetragenen Warenzeichen nicht geschlossen werden, dass die Bezeichnung ein freier Warenname ist. Die Markennamen wurden nur beispielhaft aufgeführt. Hinsichtlich der in diesem Buch angegebenen Dosierungen von Medikamenten usw. wurde die größtmögliche Sorgfalt beachtet. Gleichwohl werden die Leser aufgefordert, die entsprechenden Beipackzettel der Hersteller zur Kontrolle heranzuziehen. Die beispielhafte Auflistung von Medikamenten bzw. Wirkstoffen ist kein Beweis dafür, dass diese in Deutschland zugelassen sind. Der behandelnde Tierarzt ist aufgefordert, die jeweilige (Zulassungs-)Situation zu überprüfen.

Dank

Mein besonderer Dank gilt dem Weimaraner-Klub e.V. für die fachliche Mitarbeit und Beratung.

Ein großer Dank geht außerdem an Christine Steimer (www.tierfotografie-steimer.de) für ihre einmaligen, direkt aus dem Leben gegriffenen Fotos. Ihre Bilder stellen immer wieder eine große Bereicherung für die Premium-Ratgeber-Reihe dar.

Danke auch allen zwei- und vierbeinigen Modells, die sich netterweise für Fotoaufnahmen zur Verfügung gestellt haben, insbesondere Annette Käfer und Uwe Stricker mit ihren Kurzhaar-Weimaranern „von der Schelmelach" (http://schelmelach.de), außerdem Sandra und Sahim Ficic mit „Nick" und „Nobu vom Goldenen Grund" sowie Bernd Oehmig mit Langhaar-Weimaranerhündin „Ida vom Heiligenberg".

Ein weiteres dickes Dankeschön geht an Ingrid Heindl (www.tierphysiotherapie-bayern.de) und Dr. med. vet. Susanne Winhart: Ihr fachlicher und persönlicher Rat ist mir stets eine große Hilfe.

Außerdem gilt mein herzlicher Dank Familie Schmitt und Tobias Volg für ihren steten Rückhalt in allen Fragen und Bereichen sowie meinen Redaktionshunden „Luzie" und „Peggy" für ihr beruhigendes Schnarchen während meiner Arbeit und unsere gemeinsamen, entspannenden Spaziergänge und Spielrunden zwischendurch.

Annette Schmitt

Bildnachweis

Alle Fotos im Innenteil von Christine Steimer, außer:
Annette Schmitt, Seiten: 42, 75, 113li., 121li., 122, 124
Trixie, Seiten: 38(3), 39(1), 40(5), 41(5), 54(4), 55(2), 75(1), 111(1)
Titelfoto: Tierfotoagentur.de/J. Hutfluss

Wir danken der Firma TRIXIE Heimtierbedarf GmbH & Co. KG für das Zurverfügungstellen der Bilder.

Register

Abenteuerspielplatz 48, 54
Agility 21, 90
Akupressur 76, 123
Alleinbleiben 60, 65
Altersbeschwerden 123
Apportierspiele 18, 97
Augenpflege 74
Auto 39, 40, 100, 103
Bachblüten 75, 123
Begleithundeprüfung 89
Bellen 65, 70
Beschäftigungstipps 24, 41, 54, 60, 89, 119
Betteln 63, 81
Bleib 67
Dummy-Arbeit 89, 91
Eingewöhnung 23, 35, 45, 46
Entwurmung 75, 108, 121
Erste Hilfe 99
Fährtenarbeit 20, 51, 87, 90
Fahrradtour 93
Fellpflege 40, 72
Flegelphase 42, 61
Futterklau 64
Futterumstellung 45, 81
Fütterung 53, 78, 80
Grundkommandos 65
Hausapotheke 108
Hier 68
Homöopathie 75, 108, 112, 121
Hundepension 101, 105
Hundeschule 27, 46, 47, 50
Hundesport 89, 92
Impfungen 75, 109
Jagd 8, 15, 51, 87, 116
Junghund 39, 42, 61
Kastration 31, 32
Knabberspielsachen 63
Läufigkeit 31
Lebenserwartung 22
Leckerli 52, 54, 81, 96, 124
Leinenführigkeit 58, 59, 83
Lob 52, 56, 70
Magendrehung 94, 96
Massage 72, 76, 121
Nachsuche 17, 87, 117
Ohrenpflege 75

Osteopathie 114
Pfotenpflege 73
Phytotherapie 113
Platz 66
Reiseapotheke 105
Reizangel 52, 53
Schlafplatz 39, 75
Schnüffelspiele 98, 120
Seniorfutter 124
Sitz 65
Spielen 54, 95, 116, 119
Spielzeug 40, 63, 74, 96, 99
Stubenreinheit 57

Tierbestattungen 125
Tierheimhund 35, 46
Trickdogging 92
Turnierhundesport 90
Verhaltensauffälligkeiten 32, 71
Verhütung 32
Vorstehen 17, 19, 52, 87
Wasserarbeit 20, 92
Welpe 27, 36, 42, 44, 56, 72, 92
Welpenfutter 39
Zahnkontrolle 75, 121
Zahnwechsel 74
Züchter 35, 44, 88, 105

Hinweis: Die in diesem Buch enthaltenen Empfehlungen und Angaben sind von den Autoren mit größter Sorgfalt zusammengestellt und geprüft worden. Eine Garantie für die Richtigkeit der Angaben kann aber nicht gegeben werden. Autoren und Verlag übernehmen keinerlei Haftung für Schäden und Unfälle. Der Leser sollte bei der Anwendung der in diesem Buch enthaltenen Empfehlungen sein persönliches Urteilsvermögen einsetzen.
Der Verlag Eugen Ulmer ist nicht verantwortlich für die Inhalte der im Buch genannten Websites.

Impressum
Bibliografische Information der Deutschen Nationalbibliothek
Die Deutsche Nationalbibliothek verzeichnet diese Publikation in der Deutschen Nationalbibliografie; detaillierte bibliografische Daten sind im Internet über http://dnb.d-nb.de abrufbar.

Das Werk einschließlich aller seiner Teile ist urheberrechtlich geschützt. Jede Verwertung außerhalb der engen Grenzen des Urheberrechtsgesetzes ist ohne Zustimmung des Verlages unzulässig und strafbar. Das gilt insbesondere für Vervielfältigungen, Übersetzungen, Mikroverfilmungen und die Einspeicherung und Verarbeitung in elektronischen Systemen.

© 2013 Eugen Ulmer KG
Wollgrasweg 41, 70599 Stuttgart (Hohenheim)
E-Mail: info@ulmer.de
Internet: www.ulmer.de
Umschlagentwurf: Sojus Design, Kai Twelbeck, Stuttgart
Satz: r&p digitale medien, Echterdingen
Repro: Timeray, Herrenberg
Druck und Bindung: Firmengruppe APPL, aprinta Druck, Wemding
Printed in Germany

ISBN 978-3-8001-7746-2